科学玩起来

一天一个
科学实验

[美] 汤姆·罗宾逊 著 [美] 库尔特·多尔伯 绘 艾可 译

新星出版社 NEW STAR PRESS

新经典文化股份有限公司
www.readinglife.com
出　品

献　给

马特和梅根

致　谢

感谢埃米·比德尔，她仔细审读了我的手稿。感谢文斯·霍华德、肯特里奇高中科学系、安吉·拉文、萨拉·达克斯和杰夫·伦纳，他们给本书提出了很多宝贵建议。最后，特别感谢我的妻子莉萨，她允许我把厨房变成了科学实验室，让我和两个孩子尽情享受做实验的乐趣。

目 录

引 言

是什么成就了一位伟大的科学家？想想那些你知道的最有名的科学家吧——艾萨克·牛顿、路易斯·巴斯德、阿尔伯特·爱因斯坦、托马斯·爱迪生、居里夫人和她的丈夫皮埃尔·居里、斯蒂芬·霍金，等等。这些人有什么相似之处吗？当然啦，有一点是肯定的，他们都非常聪明，有几位甚至自学了专业领域内的大部分知识。艾萨克·牛顿为了解决研究的物理学问题，竟然发明了一个数学专业的分支——微积分学。还有一个共同点让他们领先于同时代的其他人，那就是善于发现问题。

有个好脑瓜是远远不够的！要想成为一位科学家，还得研究那些前人已经研究过却尚未解决的问题，然后运用新思路，提出新问题。接下来，带着这个问题，找出新的解决办法。

酷格言

要不停地提问题，这才是最重要的。

——阿尔伯特·爱因斯坦

1

这才是成为科学家的关键！除了智慧，还要有强大的好奇心，好奇心驱使人们寻找答案。而只有提出正确的问题，才能发现解决问题的办法，最终取得伟大的成就。

你会成为下一个托马斯·爱迪生，创造出造福全人类的发明吗？你会成为下一个艾萨克·牛顿，解决那些没人能回答的问题吗？当然可以！只要一直保持好奇心就行了。

这本书就是要帮助你发掘在生物学、化学、物理学、天文地理学、人体生理学这5个主要科学领域内的好奇心，启发你的思维，帮助你像科学家一样思考。可能以前你会提出这样的问题，比如，天空为什么是蓝色的？读完这本书，你会提出一些全新的问题。

提出正确的问题是成为一个伟大科学家的第一步，本书将引导你完成第二步——做实验。每个问题的最后都配有一个实验，让你独自探索科学的奥秘。本书涉及3种类型的实验——耗时短的简单实验、较复杂的实验和科学博览会的实验项目。

科学方法

首先，让我们看看一切科学实验的起点——科学方法。这种方法16世纪由一个叫伽利略的意大利人提出，不仅非常简单，还可以启发你提出并回答很多问题。科学方法分5个步骤：

——为什么那个年轻的科学家带着美术工具上科学课？

——她想"draw some conclusion"！（即"得出结论"，"draw"也有"画画"的意思。）

1. 观察某项活动。

2. 对这项活动提出一个可能的答案，即"假设"。

3. 运用假设来推论。

4. 检验推论。

5. 总结假设及推论。

几百年来，科学家们都用这套方法解释世界。现在，轮到你了！

这本书的最大特色是，你可以从任何地方开始读，随心所欲地汲取书中的知识。如果这本书没能解决你的问题，请充分发挥想象力，无限探索下去。欢迎你加入这次激动人心的科学实验探索旅程，让我们马上开始吧！

格言较量

你能把以下字母按正确顺序排列起来吗？把它们填在对应的竖列里。如果填写正确，会出现伟大的科学家阿尔伯特·爱因斯坦的一句名言。他的理论让人类以一种完全颠覆性的方式思考时间、空间、物质、能量和重力！

（所有谜题的答案见本书最后。）

	T	T		T	T		O				
	O	H		N	G	O	I	I		N	
Q		E	S	S	M	P		R	N	O	T
T	U	E	I	I	I	O	N	S	T	A	T
										G	

4

第 1 章

生物学

生命，无处不在。天上的鸟，海里的鱼，还有陆地上各种各样的动物都有生命。生命是怎样进化的？如果能回答这个问题，你就已经拥有了观察自然的能力。

【试试看】彩色的水

动物是非常复杂的生物，不如先从植物开始吧，它们的生命运行方式比较简单。把植物种在土壤里，浇水，接受阳光的照射，很快它们就会生长、开花、结果，然后凋谢。这些是外部表现，在植物内部，还有我们看不到的过程，这个过程和其他任何过程都不一样。我们先从众所周知的，植物生长所需的最重要资源——水开始说吧。

问题

水是怎样从土壤运输到植物叶子中的？

实验材料

4个装满常温水的杯子，红、蓝、绿、黄4种食用色素，3枝白色康乃馨，小刀

实验步骤

1. 分别用4种食用色素给水染色，水的颜色越深，实验的效果越好。

2. 选一杯水，把第一枝康乃馨插进去，花

茎太长的话需要修剪一下。

3.再选一杯水，插入第二枝康乃馨。

4.插最后一枝康乃馨。在大人的帮助下，把花茎沿纵向切成两半，保持两部分花茎都与花朵相连。

5.把一半花茎插入第三杯染色的水中，另一半插进第四杯水中。

6.把3枝康乃馨放到阴凉避光的地方，一天后，观察花有什么变化。

发生了什么

水沿植物根茎向上运输，直至最上端的花朵部分，这叫作毛细管作用。就像你观察到的，每一枝康乃馨的颜色最后都与瓶中水的颜色相同。更有意思的是，被切开花茎的那枝有两种颜色。这个实验可以重复进行，你可以挑选其他种类的花和其他颜色的水，看看结果是不是相同。用带叶子的芹菜茎做这个实验效果也很好。

再接再厉

给植物浇水时，应该浇在叶子上，还是根部周围的土壤里？[1]

("再接再厉"问题的答案都可以在本书第123页之后找到。问题最后的数字和答案前面的序号对应。)

科学 名词

毛细管作用：水和其他营养物质从土壤里向上运动至植物所有部分的过程。

——为什么那个傻乎乎的科学家穿着衬衫洗澡？

——因为衬衫的标签上写着"Wash and Wear"。（"免熨"的意思，字面意思是"边洗边穿"。）

【试试看】凋落的叶子

一些树全年常青，另一些树的叶子在秋天和冬天时凋落，第二年春天又长出新的绿叶。如果你观察过秋天落叶的过程，就会发现，叶子在秋天凋落前，会经历从绿色变成黄色、红色或橙色的过程。

问题

叶子的颜色是从哪儿来的？

实验材料

4~5 片菠菜叶，一个杯子，勺子，洗甲水（在家长的帮助下使用），咖啡滤纸，几把剪刀，胶带，铅笔

实验步骤

1. 把菠菜叶撕成小片。

2. 把菜叶放到杯子底部，用勺子捣碎。

3. 往杯子里加几勺洗甲水，让碎叶片沉到洗甲水底部。如果洗甲水不能没过所有碎叶片，就多加一些，保证所有碎叶片都被洗甲水没过。

4. 把咖啡滤纸剪成长方形，比杯口略窄。

5. 将剪好的滤纸用胶带固定在铅笔上，当碎叶片都沉下去之后，把铅笔横放在杯口上，这样滤纸就能浸在洗甲水中，也不会碰到沉在杯底的碎叶片。

6. 静置几小时。

酷格言

秋天是第二个春天，那时，每一片叶子都是一朵花。

——阿尔贝·加缪
法国小说家

科学 名词

叶绿素：使植物呈现绿色的化学成分。

光合作用：植物把阳光和水转化成叶绿素的过程。

发生了什么

你会看到咖啡滤纸上显示出很多颜色。绿色来自一种让树叶呈现绿色的化学成分——叶绿素。还有其他颜色——黄色、红色和橙色，它们也来自树叶中不同的化学成分。

春夏两季，光合作用让植物产生大量叶绿素,叶绿素使树叶呈现绿色。随着白天越来越短，叶绿素产生得越来越少，叶子的绿色渐渐褪去，开始出现其他颜色。当树叶的绿色褪尽，就离落地不远了。

趣味知识

叶绿素吸收太阳光里的红色和蓝色光源，反射出绿色。

再接再厉

秋天来临时，观察树叶颜色的变化。你能说一说这一切是如何发生的吗？[2]

——一个科学家在裤兜里塞了一本字典，你会怎么称呼他？

——A smarty pants!（字面意思是"聪明的裤子"，实际意思是"无所不知的人"。）

_____

_____

_____

_____

_____

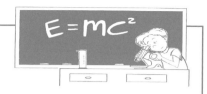

孩子的实验室

问题 种子发芽需要阳光吗？植物的生长需要阳光吗？

实验综述 如果没有足够的阳光，树木会发生什么变化？答案显而易见——树叶会凋落。这个实验通过把一些种子和植物放在阳光下，另一些放在阴暗处，研究种子和植物的生长是否需要阳光，以及阳光在它们的生长过程中发挥了怎样的作用。这个实验会耗费几天时间，因为植物发生变化的过程十分缓慢。但是，实验结果一定是明确且值得期待的。

科学原理 阳光和水是所有植物生长的基本条件，可以通过对比在阴暗处和阳光环境中生长的种子验证这个结论；还可以选两株健康的植物，把一株放在黑暗的橱柜里，另一株放在阳光下。实验过程必须遵循科学方法中非常重要的一步——每次实验检验一种变化。除了生长环境不同，必须保证两株植物的其他条件完全一样，这一点非常重要，只有这样才能准确检验阳光的作用。

实验材料
两张纸巾，两个小盘子，几颗斑豆，水，两株完全相同的、健康的盆栽植物

实验步骤
1. 把两张纸巾展开，大小要正好能覆盖一个盘子。
2. 将展开的纸巾平铺在两个盘子上，在纸巾上放几颗斑豆。

3. 洒一些水，让纸巾变湿，把盘子里没有被纸巾吸收的多余的水倒出去。

4. 把一盘斑豆放进橱柜里，避光保存。

5. 往两株盆栽植物里浇水，使土壤变得湿润，然后把其中一株放到橱柜里的斑豆旁边，让它们都在相同的黑暗环境中。

6. 把另一株盆栽植物和剩下的那盘斑豆一起放到一个阳光充足的地方。

7. 两天之后，给两盘斑豆浇水，同时给两株盆栽植物浇水。为确保实验的科学性，每次浇的水都要一样多。

8. 再过两天，即一共四天之后，取出橱柜里的斑豆和植物，分别放到阳光下的斑豆和植物旁。

对小科学家提问题

· 哪盘斑豆发芽更好——是橱柜里的，还是阳光下的那盘？

_____

· 哪株盆栽植物长得更好——是橱柜里的，还是阳光下的那株？

_____

· 如果你有几颗种子，会把它们种在哪儿——是有阳光的地方，还是阴暗的地方？

_____

· 想一想，种子发芽和植物生长需要多长时间的光照？这个实验是否证明这些地方是植物生长的最佳环境？ _____

· 不同的种子是否需要不同的光照条件？拿一些不同种类的种子，在有差别的光照条件下做实验，看看在种子发芽和生长过程中最重要的因素是什么？

_____

_____

叶管迷宫

你能在这些纤小的叶管中找到从起点（Start）到终点（End）的路吗？

【试试看】布满洞的墙壁

植物拥有的另一项让人赞叹的能力是可以通过半透膜吸收水分，这个过程叫渗透作用。下面用实验证明一下。

问题

液体真的能穿过半透膜吗？

实验材料

两个广口杯或量杯，水，碘酒，玉米淀粉，一个可密封的小塑料袋

实验步骤

1. 在两个杯子中倒入大约 3/4 的水。

2. 在其中一个杯子中掺入 2 小勺[①]碘酒。

3. 另一个杯子里掺入 1 大勺[②]玉米淀粉，塑料袋中也加入 1 大勺玉米淀粉。

4. 塑料袋封好口，放进掺了碘酒的水中。在这之前，要把塑料袋外面洗干净，以防沾有玉米淀粉。

5. 把塑料袋在碘酒溶液里浸泡 1 小时左右，观察发生的变化。同时，在掺了玉米淀粉的水里滴几滴碘酒，继续观察。

---

① 1 小勺约为 5 毫升。
② 1 大勺约为 15 毫升。

发生了什么

含有玉米淀粉的溶液遇到碘酒之后，颜色会变深。遇到淀粉之后，碘酒的颜色也会发生变化。然而，第一个杯子里的碘酒没有变色。碘酒穿过"墙壁"，进入塑料袋里面，淀粉却不能透过塑料袋接触碘酒，因为淀粉分子比碘酒分子更大。更重要的是，碘酒分子比塑料袋的孔隙小，所以它们才能穿过去。而塑料袋的孔隙对于淀粉分子来说太小了，淀粉只能待在塑料袋里面。因此，碘酒仍然保持原来的颜色。

孩子的实验室

问题 你能用香蕉吹气球吗?

实验综述 在这个实验中,香蕉变质的同时,让气球鼓起来了! 这真让人难以理解,但事实确实如此。你可以用其他水果作为实验材料,看看它们在变质过程中是不是能产生相同的效果。

科学原理 所有植物最终都会死去。香蕉是香蕉树长出的果实,成熟之后、变黑之前可以食用,在这个过程中,它会经历非常大的变化。香蕉变质时会产生大量细菌,细菌很小,肉眼无法看到。但是,它们不仅存在,还不断繁殖,同时散发出气体。足够多的细菌产生的气体可以使气球鼓起来。给你布置一个艰巨的任务,做完这个实验后,试试其他水果是不是也一样吧。

实验材料
一根熟透的香蕉,一个碗,一个窄口塑料瓶或玻璃瓶,一个气球

科学名词

细菌: 存在于一切事物中的极小有机物。一些细菌致病,大部分细菌对人体有益。

实验步骤

1.确认香蕉已经熟透,剥掉香蕉皮,在碗里把香蕉捣成泥。

2.把香蕉泥一勺一勺地盛到瓶子里,小心一点。(也可以用塑料刀把香蕉泥刮到瓶子里。)

3. 把气球套在瓶口上。

4. 将瓶子放到一个温暖、有阳光的地方，接下来的几天，观察它的变化。

5. 每天测量气球的大小，以此了解香蕉的腐烂程度。

对小科学家提问题

· 是什么让气球鼓起来的？

_____

_____

_____

_____

_____

· 香蕉发生了什么变化？

_____

_____

· 气球过了多久开始膨胀？

_____

_____

再接再厉

用香蕉做完实验后，试试其他熟透的水果（如苹果、橘子、葡萄、香瓜）。通过比较气球膨胀的速度，可以知道哪一种水果腐烂得最快。

清洗干净

做完实验后，一定记得把实验材料清洗干净，味道可能很难闻，要仔细清理哦。

科学变形

只用4步，你能把"香蕉"（banana）变成"气球"（balloon）吗？从第一行的BANANA开始吧。每一步只能移动一个字母，然后把一个字母换成另外一个字母（也可以把两个相同的字母换成另外两个相同的字母）或者增加一个字母。把步骤写在下面的横线上。

1. BANANA

2. ＿＿＿＿＿＿＿

3. ＿＿＿＿＿＿＿

4. ＿＿＿＿＿＿＿

5. ＿＿＿＿＿＿＿

趣味知识

世界上已知最大的蚯蚓有6.7米长。

动物

动物王国的成员超过十亿，它们有不同的体形，分属不同的物种。小时候，你见过许多有趣的小动物吧。

【试试看】小小的惊吓

大雨过后的路上或石头底下很容易发现蚯蚓。它们看起来有点丑陋，不太讨人喜欢，但对于地球非常重要。它们能够疏松土壤，有利于作物的种植，还是很好的鱼饵。

问题

蚯蚓喜光还是喜阴？

实验材料

鞋盒，剪刀，纸巾，几条活蚯蚓，台灯

实验步骤

1. 剪掉1/3的鞋盒盖子。

2. 把几张纸巾浸湿后放在鞋盒底部。

3. 将2条蚯蚓放在纸巾上，沿鞋盒一侧摆好，不要让它们叠在一起。注意：对待蚯蚓要温柔。一个真正的科学家对所有动物都十分尊重。

4. 盖上盒盖，在放蚯蚓的一侧留一条非常小的缝隙。

5. 把台灯放到鞋盒边上，灯泡与鞋盒顶端保持 30~60 厘米的距离。

6. 将鞋盒在灯下放 15~30 分钟。

7. 打开盒盖，看看蚯蚓在哪里。

发生了什么

蚯蚓喜阴，所以它们非常喜欢泥土。当灯光照向鞋盒时，它们纷纷移动到远离灯光的地方，甚至会钻到纸巾下面躲避灯光。蚯蚓没有眼睛，但能通过神经系统感光。当它们感觉到光线的时候，会立刻朝着远离光线的方向移动。

再接再厉

用放大镜观察蚯蚓。做完实验后，把蚯蚓放回花园。在那儿，它们能让植物长得更好。

神经系统：身体的一个系统，用来感知外界事物。

【试试看】动物的伪装

军人穿的作战服被称为迷彩服。穿上迷彩服隐藏起来的时候很难被别人发现。有些动物，比如蜥蜴，天生就有一身"迷彩服"，它们利用自身的肤色掩藏自己。

问题

动物们是怎样隐藏在周围环境中不被发现的？

科学 名词

伪装：动物们乔装自己，融入周围环境的方式。

实验材料

3 种颜色的图画纸（每种颜色准备两大张），剪刀，一个实验搭档

实验步骤

1. 各种颜色的图画纸都取一张，把它们剪成边长为 5 厘米的正方形。

2. 将所有的正方形纸片都放到另一张大纸上铺开，让搭档闭上眼睛。

3. 搭档睁开眼睛时，让他在 5 秒钟的时间里尽可能多地辨认不同的色块。

发生了什么

动物的眼睛能够很快注意到强烈的反差色。你的搭档会辨认出那些和背景纸颜色不一样的彩纸。保护色正是利用了这一点——当身体颜色和周围环境的颜色保持一致时（如绿色的青蛙待在草丛中，棕色的蜥蜴待在树枝上），动物可以很好地把自己隐藏起来。如果一只棕色的青蛙待在草丛中或一只绿色的蜥蜴待在树枝上，它们会非常显眼，无法得到保护。

再接再厉

你认识的人里谁有"防蓝光眼镜"吗？借来戴上看看，看到哪种颜色最明显？这是为什么？ ³

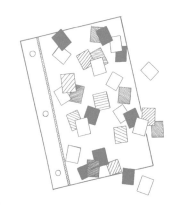

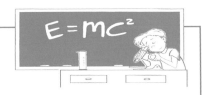

孩子的实验室

果蝇特别喜欢叮放久了的水果。现在，我们通过实验来研究一下果蝇。

问题　果蝇喜欢吃什么?

实验综述　准备一根熟透的香蕉，把它放到一个敞口罐子里直到腐烂。在放香蕉的罐子旁边放一个空罐子。不一会儿，果蝇就会蜂拥而至，飞进装有香蕉的罐子里。然后，装香蕉的罐子里会出现很多小生物——蛆虫，而空罐子却无人问津。

科学原理　过去人们认为，像香蕉这样已经烂掉的水果可以自发繁殖，这意味着生命可以无中生有。实际上，是果蝇吃掉了腐烂的水果，然后在里面产卵，卵长成了蛆虫。在这个过程中，果蝇扮演着重要的角色。同理，贮存在堆肥箱中的食物腐烂后能够转化成土壤的养分。果蝇在吸收香蕉能量的同时也加速了香蕉的腐烂过程。

实验材料
熟透的香蕉，两个能放得下一根香蕉的玻璃罐

蛆虫：类似蠕虫的极小生物，长大后变成果蝇。

实验步骤

1. 剥掉香蕉皮，把香蕉放到一个罐子中，另一个玻璃罐什么都不放。

2. 把这两个玻璃罐放到没人能碰到的地方。如果天气温暖，最好放到户外。

3. 一天两次观察香蕉的变化，写观察日记，包括描述香蕉的颜色、形态和气味，也要记录果蝇和其他生物是否出现。

4. 对比空玻璃罐和装香蕉的罐子有什么不同。

5. 两周后，查看笔记，把变化标记出来。

对小科学家提问题

· 果蝇最初是什么时候出现的？ _____
_____

· 香蕉在多久之后烂得不能吃了？ _____
_____

· 蛆虫是从哪里来的？ _____
_____

· 还有哪些生物能加速食物腐烂？ _____

再接再厉

这个实验还有其他做法，可以试试看：

· 给罐子盖上盖子，看看结果是否相同。

· 以其他水果，如苹果、橘子或桃子为实验材料，再做一次实验。

· 把罐子放到不同的环境中（有光的，黑暗的，温暖的，低温的，等等）。

间谍眼

你能找到 10 种隐藏在下图中的动物吗？

孩子的实验室

问题　为什么鸡蛋是椭圆形的?

实验综述　探索鸡蛋的形状及蛋壳让人不可思议的力量——虽然它们非常脆弱。认真准备，让 4 只半截的蛋壳承受住几本书的重量而不破碎。你也可以用其他方法做这个实验。

科学原理　鸡蛋之所以是椭圆形，有很多原因。其中一个简单的原因是，椭圆形不易滚动。如果鸡妈妈正在孵小鸡，即使有一个鸡蛋滚走了，在鸡妈妈把它捡回来之前也不会滚太远。在开始实验前，先轻轻地在桌子或台面上滚动一个鸡蛋。注意它与圆球的滚动方式不同。

　　鸡蛋是椭圆形的另一个原因，是椭圆形承受的压力更大。把鸡蛋握在手掌中，用最大的力气也没法把它捏碎，因为椭圆形分散了手掌的力量。如果你打算试一试，最好在水槽中做这个实验，因为，如果手握鸡蛋的方式不正确，鸡蛋破了会溅你一身的!

实验材料
4 个生鸡蛋，胶布，小剪刀，几本大小差不多的书

实验步骤
1. 从鸡蛋中间（沿着水平方向）把蛋壳打成两半。

2. 把生鸡蛋的蛋液倒进一个碗里，可以炒着吃。

3. 将蛋壳清洗干净，擦干。

4. 如果蛋壳有裂口，要粘上胶布。

5. 用小剪刀把蛋壳边缘修剪平滑，小心不要弄破蛋壳。

6. 现在有 4 个圆一些的蛋壳（蛋壳的底部）和 4 个尖一些的蛋壳（蛋壳的顶部）。

7. 把 4 个圆蛋壳在桌上摆成一个四边形，作为支撑书的 4 个顶点。

8. 预测这些蛋壳能承受几本书的重量。

9. 慢慢放书，直到蛋壳第一次出现裂缝。这时，蛋壳的承受力和书的重量几乎相等，记下此时书的数量。

10. 继续放书，直到蛋壳完全破碎。

对小科学家提问题

· 蛋壳承受的书的数量比你预期的多还是少？ _____

_____

· 为什么轻轻一敲就碎了的蛋壳能承受这么大的重量？ _____

_____

· 怎样改良实验，让蛋壳承受更多的书？ _____

_____

再接再厉

用尖一些的蛋壳重新做一次实验，哪种蛋壳的承受力更大？

躺在钉板上的魔术师与这个实验的原理有什么联系？人们在下大雪时会穿雪靴，这与蛋壳实验又有什么联系？[4]

科学博览会：生物学

重力

　　没有植物是朝着地面生长的。这是为什么呢？所有植物的根都在泥土中向下生长，而叶和花都朝着太阳向上生长。作为刚刚崭露头角的小科学家，你一定知道这些，让我们做个实验，搞清楚植物这样生长的原因吧。

问题

　　植物为什么向上生长？

实验综述

　　把一株盆栽植物侧着放倒，观察它的生长情况。然后，用豆子做实验，观察会出现什么情况。

科学原理

　　观察在山坡上生长的树木。你会发现，不论山坡多么陡峭，树干都朝上生长。因为重力作用，植物的根朝下生长，枝叶朝上生长。这是植物体内一种叫植物激素的化学成分作用的结果。植物激素可以促进植物生长，在重力作用下汇聚到植物和叶片底端，促进植物的茎和叶都朝上生长。根的情况却不同，因为根是植物的一个特殊部分。根部的植物激素会减缓植物的生长。因此，当植物激素聚集到根部底端时，根的上端长得更大，整个根部向下生长。现在，请你来做个实验证明一下吧。

实验材料

3 株成熟的小型盆栽植物，几颗斑豆，阳光环境，纸巾，玻璃杯，铝箔，水，照相机

实验步骤

成熟的植物

1. 把 3 株盆栽植物都放在阳光下，其中一株朝向太阳侧着放倒，另一株背朝太阳侧着放倒，第三株垂直放好。

2. 照常给植物浇水（浇水时可以先把它们立起来），记录它们的生长情况。这个实验可能需要耗费很长时间，所以一定要有耐心。

种子

1. 实验前，把豆子在装满水的玻璃杯里浸泡一夜。

2. 倒出水，将豆子放到纸巾一侧，对折纸巾。

3. 卷起装着豆子的纸巾，用水微微润湿，不要让纸巾滴水。

4. 用一张铝箔把卷有豆子的纸巾包起来，封好口。

5. 把铝箔一端朝上放到玻璃杯里，静置一周。

6. 一周之后，打开铝箔，展开纸巾。不要碰到豆子，也不要撕坏铝箔和纸巾。

7. 记录豆芽茎和根的生长方向，可以发现它们正努力向上生长，不

管自身处于什么位置。

8.给豆芽拍照，记录它们的生长情况。

9.像第3步那样润湿豆子，重新把它们包在纸巾和铝箔里，放回玻璃杯。这一次把之前朝上的那一端放到杯底。

10.再过一周，打开铝箔，记录豆芽新的生长情况。你会发现，豆芽调整了生长方向，继续朝上生长。再给它们拍一张照片，记录下来。

对小科学家提问题

· 你从盆栽植物的生长过程中观察到了什么？

· 朝向太阳侧放的植物和背对太阳侧放的植物各自的生长情况有什么不同？

· 为什么是重力而非太阳或其他因素促使植物这样生长？

· 第一周，豆芽的生长方向和你期待的生长方向相同吗？

· 第二周后，茎和根的生长方向发生变化了吗？

· 为什么会发生这些变化？

· 你能看出豆子在第二周改变了生长方向吗？怎么看出来的？

总结

在还是一颗种子的时候，植物就拥有向上的能力，而且一直会向上生长。成熟的植物虽然已经固定了根部的生长位置，但仍会调整茎和叶的生长方向，保持向上生长。一些高大的植物还会绕过阻碍物生长。

如果想深入了解，你可以把豆芽放平埋在土里，观察它们受重力影响调整生长方向的情况。一段时间后，你会发现茎从土里钻出来，根则朝地下生长。

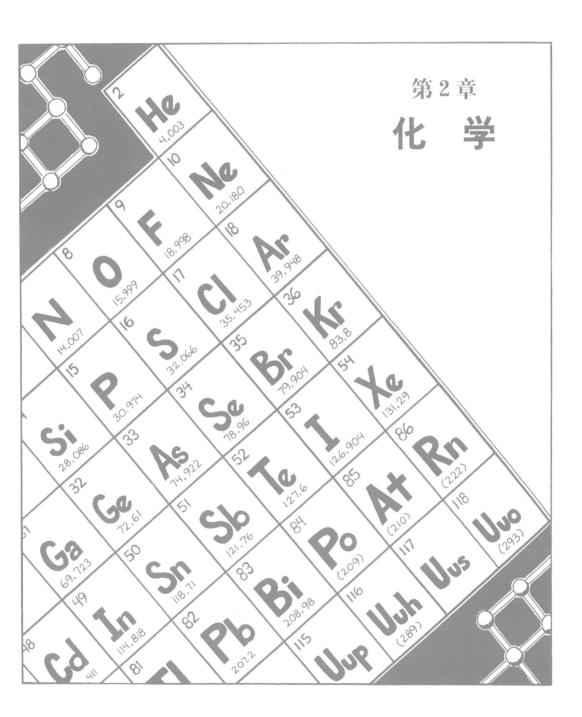

第 2 章

化 学

固态：这种形态的物质非常坚固，结构紧密，形状固定。

液态：这种形态的物质有流动性，比固体结构松散，比气体结构紧密。液体的形状由盛放它的容器决定，当容器扩大时，液体并不会膨胀。

气态：这是一种高能量形态。气态物质是高速随机运动的分子的集合。气体的形状由盛放它的容器决定，并随着容器的扩大或压缩相应发生改变。

热力学第二定律：热量总是从高温物体向低温物体传递。

化学属性

世界上的所有物质都依据一定特性分类。这些特性包括密度、压力、温度、体积、形态和原子结构。这一章主要研究物质的形态、密度和压力。

【试试看】水煮冰

物质通常有 3 种形态：固态、液态和气态。每一种物质形态都有独特的属性。以水为例，它的固态、液态和气态是什么样子？

问题

为什么把冰放进沸水中，水就停止沸腾了？

实验材料

一锅水，几块冰，炉灶

实验步骤

1. 准备一锅水，放到炉灶上煮沸，要在家长的帮助下进行。

2. 水沸腾后，放几块冰到锅里，观察发生了什么。

发生了什么

锅里的水加入冰块后立刻停止沸腾，为什么呢？这是由热力学第二定律决定的。根据这

一定律，煤气燃烧产生的热量总是会传递到锅里温度最低的物体——冰上面。所以，热水不再沸腾，而冰接受热量后开始融化。

再接再厉

冰完全融化以后，水会重新沸腾吗？[1] 当水又沸腾时，注意观察锅里冒出的水汽。这些水汽是另一种状态的水——气态水，又叫水蒸气。在寒冷的屋子里洗澡时经常产生水蒸气，天空中的云和雾也是水蒸气。

_____

_____

_____

【试试看】漂浮的葡萄

物质的描述方式有很多，密度是其中之一，它的数值表示物质的坚固程度。比如，水不如水泥结实，它的密度没有水泥大。通常用质量（物质有多重）和体积（物质占据的空间大小）计

趣味知识

融化 1 千克冰所需的能量是烧开 1 千克水所需能量的 7 倍。

算物体的密度。密度越小，构成物体的粒子越不紧密，占据的空间越大。

气球飘在天空中，冰块漂浮在水面，石头沉降到湖底，这都是密度的作用。让我们做一个实验认识一下密度吧。

问题

怎样让一颗葡萄漂浮在水中？

实验材料

4个玻璃杯，胶布，马克笔，一个量杯，水和白糖，葡萄，一把勺子

实验步骤

1. 用胶布和马克笔在每个杯子上贴一个标签，写上"1号""2号""3号""4号"。

2. 往量杯里倒满水，加入足够的白糖，直到可以使一颗葡萄漂浮在水面上。没有溶解的白糖会沉淀到杯底。

3. 给1号水杯倒满清水。

4. 在1号水杯里放一颗葡萄，观察发生了什么。

5. 把量杯里的白糖水倒入2号水杯里。

6. 在2号水杯里放一颗葡萄，它会漂浮在水面上。

7. 往3号水杯中倒半杯白糖水。

8. 在 3 号水杯的水面上放一把勺子，沿勺柄缓慢地倒入清水，直到把杯子倒满。一定注意不要和下部的白糖水混在一起。这一步比较难，多试几次。

9. 在 3 号水杯中放一颗葡萄，观察葡萄的变化。

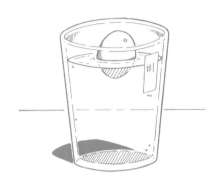

发生了什么

1 号水杯中，葡萄的密度比水大，因此很快就沉到了杯底。2 号白糖水的密度比清水大，也比葡萄大，葡萄才会漂浮在水面上。3 号水杯暗藏玄机。葡萄在水中下沉，因为它的密度比水大；然后又漂浮在白糖水表面，因为它的密度比白糖水小。因此，葡萄会悬浮在 3 号水杯中间。

再接再厉

用 4 号水杯调制一种新的白糖水，使葡萄像在 3 号水杯中一样悬浮在中间。

E=mc²

孩子的实验室

问题 液体可以漂浮吗?

实验综述 把不同密度、不同颜色的液体倒进同一个容器中,制造分层溶液。新加入的溶液会迅速找到自己的位置。如果有兴趣,还可以尝试制造其他分层溶液。

科学原理 冰块之所以能漂在水面上,是因为冰的密度比水小。油也会漂在水面上,因为油的密度也比水小。而固体或比较浓稠的液体,因为密度大于水,会在水中下沉。密度不同的物质之间有明确的分界线。根据这个原理,可以识别未知物质,还可以方便地清除水中的污染物。

实验材料

红色和蓝色食用色素,量杯,1 杯玉米糖浆,干净的玻璃瓶(容量为 700~1000 毫升最佳),1 杯植物油,1/2 杯水,1/2 杯漂白剂(在家长的帮助下使用)

趣味知识

空气由 7 种不同的气体组成,其中两种最主要的气体是氮气和氧气,所占的百分比分别是:

氮气(78%)
氧气(21%)
其他气体(1%)

实验步骤

1. 向装满玉米糖浆的量杯中倒入红色食用色素,然后把玉米糖浆倒进玻璃瓶里。

2. 把植物油倒进玻璃瓶里,液体发生混合了吗?

3. 将量杯中装满水，倒入蓝色食用色素，再把水倒在玻璃瓶的油上面，几分钟后，出现了什么现象？为什么？

4. 现在，玻璃瓶里已经有 3 层液体了：最下面一层是红色的；中间一层比较窄，是蓝色的；最上面一层没有颜色。

5. 将漂白剂倒进玻璃瓶，观察蓝色的水发生了什么变化。

趣味知识

水泥和钢筋可以漂在水面上吗？根据阿基米德原理，物体能够被它排开的水的重量支撑起来。所以即使是轮船，只要设计合理，也能够漂在水面上。

对小科学家提问题

· 蓝色的水发生了什么变化？ _____

_____

· 漂白剂在哪一层？ _____

_____

· 为什么漂白剂没有和玉米糖浆混合？ _____

_____

总结

3 种液体的密度不同，在瓶子里形成了不同的层次。漂白剂的密度比油大，比玉米糖浆小，所以位于油和玉米糖浆中间，与蓝色的水发生混合。因此，蓝色的水最后变透明了。

再接再厉

你能把最上层的油染成红色或蓝色，制造一瓶有红、蓝、透明 3 种颜色的混合溶液吗？为什么？

_____

_____

【试试看】漂浮的水

我们的周围充满了空气。人类呼吸，给轮胎充气，天上刮风，都能证明空气的存在。空气无色、无味，人们只有在特定的情况下才能感觉到，对维持人类生命至关重要。

空气可以产生压力。压力是风和天气变化的原因，能使飞机在空中飞行，汽车轮胎在道路上转动。简单来说，气压与万事万物联系紧密。

让我们来做一个简单的小实验，了解一下气压是如何发生作用的吧。

问题

水可以在空气中"漂浮"吗？

实验材料

一个装满水的透明塑料杯子，一个来接流下来的水的水槽，一张大小能够全部盖住杯口的纸

实验步骤

1. 往杯子里装 3/4 的水。

2. 把杯子放在水槽上方，然后慢慢地倒过来，观察水是如何从杯子里流出来的。

3. 重新在杯子里装上 3/4 的水，把纸片盖在杯口，确保整个杯口都被纸片覆盖住。

4. 轻轻地按住纸片,同时把杯口朝下倒过来。

酷格言

想象力比知识更重要。知识是有限的，想象力却囊括了整个世界。

——阿尔伯特·爱因斯坦

5.用手在纸片上按一会儿，然后松开。纸片会保持原状，水就像漂浮在杯子里一样，不会流下来。

发生了什么

当水杯第一次倒过来时，由于重力的作用，水流进了水槽。阻止水流入水槽的唯一方法，就是找到可以和重力对抗的力，也就是气压。

当杯口覆上纸片后，气压就产生了。向上的空气压力与水的重力相抗衡，让水"漂浮"在杯子里。

越坚硬的纸片覆在杯口的时间越长。一旦纸片漏水，密封作用便开始失效，气压就减小了。不一会儿，所有的水就会流下来。

恰好如蛋！

下面是一些和鸡蛋有关的英语俗语，请选择合适的单词填空。

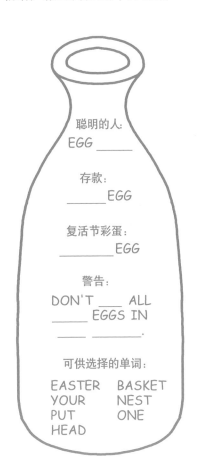

聪明的人：
EGG _____

存款：
_____EGG

复活节彩蛋：
_____EGG

警告：
DON'T ____ ALL
_____ EGGS IN
____ ____.

可供选择的单词：
EASTER   BASKET
YOUR   NEST
PUT   ONE
HEAD

孩子的实验室

问题 怎样在不碰到鸡蛋的情况下把它放到瓶子里？

实验综述 气压可以移动物体。在这个实验中，煮熟的鸡蛋在气压作用下会掉进瓶子里。

科学原理 空气会从压力大的地方向压力小的地方流动，这就是为什么自行车轮胎有洞的时候会漏气。实验者在高压（瓶子外面的空气）和低压（瓶子里面的空气）之间放一个鸡蛋。由于高压空气迫切地想进入瓶子里，因此会产生向下压迫鸡蛋的力。于是，鸡蛋就掉进瓶子里了。

为了实验成功，瓶内气压必须低到能让瓶外气压把鸡蛋推进瓶子里。在瓶中放一根燃烧的火柴。火柴燃烧会消耗瓶内的氧气，导致瓶内气压降低，外面的气压大于瓶内气压，鸡蛋就滑落进瓶中了。

实验材料
广口瓶（容量为 600~1000 毫升，瓶口不要过窄，刚好能卡住鸡蛋即可），1个煮熟的去壳鸡蛋，3 根火柴，1 张小纸片

实验步骤
进入
1. 把熟鸡蛋放在瓶口，稍微使点劲儿往瓶子里按一下鸡蛋，确定它不太容易

掉下去。

2. 拿走鸡蛋，在瓶子里放 3 根点着的火柴和小纸片。一定要在家长的指导下使用火柴。

3. 迅速把鸡蛋放回瓶口。

4. 火柴熄灭后，鸡蛋就掉进了瓶子里。

移出

1. 把瓶子倒过来，鸡蛋会卡在瓶口处，但不会掉出来。往瓶子里吹气。（建议在大人的帮助下完成这一步。）

2. 随着瓶子里的气压渐渐升高，鸡蛋就会掉出来了。

对小科学家提问题

· 鸡蛋为什么会掉进瓶子里？ _____

_____

_____

· 为什么实验中必须点燃火柴？ _____

_____

· 还有其他例子可以证明空气从气压高的地方向气压低的地方流动吗？

_____

_____

化学反应

你吃过柠檬吗，是不是特别酸？你想过为什么食物有不同的味道吗？其中一个原因是物质分为酸性和碱性。柠檬等柑橘类水果富含柠檬酸和抗坏血酸（维生素C）等有益于身体健康的营养物质，它们的味道很酸。另一方面，一些物质是碱性的，它们的味道很苦，如小苏打（在烘焙过程中作为膨松剂）、抗酸片（可以缓解消化不良和胃痛），还有肥皂等。

【试试看】紫甘蓝试剂

检测物质的酸碱性有许多复杂而精确的方法，在家里可以用简单的方法做酸碱性检测。

问题

怎样检测物质的酸碱性？

实验材料

紫甘蓝试剂（就是紫甘蓝汁，可以从超市或菜市场买到紫甘蓝），滴管，把待检测物质盛在小盘子里。以下物质可供参考：

柠檬汁，橙汁，小苏打，醋，抗酸片，茶，咖啡粉

趣味知识

pH 值用于测量物质的酸碱性。物质的 pH 值为 7.0 时为中性，高于 7.0 为碱性，低于 7.0 为酸性。下面列举一些常见食物的 pH 值：

食物	pH 值
柠檬	2.3
草莓	3.2
西红柿	4.6
土豆	6.1
甜玉米	7.3
鸡蛋	8.0

实验步骤

1. 把紫甘蓝试剂倒在小盘子里。

2. 用滴管把待测物质滴在装紫甘蓝试剂的盘子里，观察试剂的变化。

发生了什么

试剂变成粉色说明待测物质为酸性，变成蓝色说明待测物质为碱性。掌握这个办法后，让我们在厨房里找一找其他的酸性物质和碱性物质吧。

注意：一些酸性物质对人类危害很大，切忌接触皮肤或食用。

酷格言

在科学探索中，预示着新发现的最激动人心的话语，不是"我找到了"，而是"真有意思"……

——艾萨克·阿西莫夫
美国科幻作家

【试试看】生鸡蛋去皮

在掌握酸性物质的检测方法后，让我们看看如何在厨房中有效利用酸性物质吧。

问题

怎么剥掉生鸡蛋壳?

实验材料

生鸡蛋，醋，小玻璃杯

实验步骤

1. 把鸡蛋放到玻璃杯里。

2. 往杯子里倒醋，没过整个鸡蛋。

3. 静置几天。

4. 你会发现蛋壳消失了，生鸡蛋变成了透明的，只剩下外面一层膜衣。

发生了什么

醋里的酸腐蚀了蛋壳，最后只剩蛋壳里面的一层薄膜。在蛋壳腐蚀的过程中还会产生小气泡。这是因为蛋壳的主要成分是碳酸钙，它和酸性的醋发生了反应，生成醋酸钙、二氧化碳（会释放出气泡）和水。

奇异的泡泡

怎样在不破坏任何一个气泡的情况下找到从起点(START)到终点(END)的路?

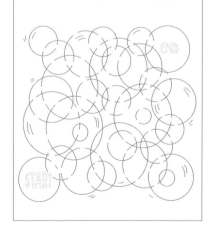

【试试看】嘴里的泡泡

刷牙和喝苏打水饮料时也能产生很多气泡。但是，牙膏和苏打水不含有任何酸性物质。

问题

怎样让嘴里产生很多泡沫？

实验材料

小苏打牙膏，碳酸饮料或水，牙刷，水槽

实验步骤

1. 用牙膏刷牙。

2. 刷完后不要把嘴里的牙膏吐出来，喝一小口碳酸饮料或水，你会听到嘴里发出"嘶嘶"的声音。

3. 张开嘴，你的嘴里会跑出大量泡沫。

注意：必须在家长的帮助下完成这个实验。不要把嘴里的泡沫喷得到处都是。千万不要吞咽泡沫或让泡沫长时间待在口腔里，误食物质有害身体健康。

碳酸饮料：一种软饮料，因含有丰富的二氧化碳气体，在饮用时会产生许多气泡，还会有"嘶嘶"的声音。

发生了什么

小苏打牙膏含有产生丰富泡沫的成分，与含有二氧化碳气体的碳酸饮料混合后会产生更多泡沫。

趣味知识

可以使用小苏打清洁牙齿。小苏打加水做成的"牙膏"还可以清除蜡笔痕迹。

孩子的实验室

问题 为什么会有"嘶嘶"的声音?

实验综述 在这个实验中,不同混合物之间发生反应,形成不同的碳酸溶液。可以先用小苏打和醋制造柠檬苏打水。

科学原理 一些物质遇到其他物质会发生反应,形成气泡。比如,酸和碱混合后形成二氧化碳,在发出"嘶嘶"声的同时产生大量气泡。下面这个实验证明了哪些物质会有这种反应。

实验材料
第一部分
半杯醋,容量为 600 毫升的玻璃瓶,2 大勺小苏打,1/4 杯水

第二部分
食用色素,一大罐水,3 小勺小苏打,2 大勺白糖,2 大勺柠檬汁

第三部分
装满水的大玻璃杯,一小块干冰(小于 100 克)

实验步骤

第一步

1. 把醋倒进瓶子里。

2. 把小苏打溶解在水里，然后倒进瓶子里。

3. 观察发生了什么。

第二步

1. 选一种食用色素加到罐子里面，与水混合均匀。

2. 加入小苏打和白糖，搅拌到溶解。

3. 加入柠檬汁，碳酸饮料就做好啦。

第三步

1. 把干冰放到水里，观察接下来会发生什么。

注意：干冰的温度非常低，操作时必须戴好手套，且在大人的指导下操作。

对小科学家提问题

· 哪种物质会发生反应并产生气泡？ _____
_____

· 你做的碳酸饮料味道如何？添加哪些配料能改善口味？
_____

· 还可以用哪些果汁做碳酸饮料？ _____
_____

· 可以用干冰做碳酸饮料吗？ _____
_____

【试试看】清洗硬币

一些污垢可以通过化学反应清除。利用这一原理，人们使用清洁剂清洗衣物和餐具，用香皂洗澡。可是，怎样清洗金属呢？这是个难题。

问题

怎样清洗硬币？

实验材料

醋，玻璃杯，几枚脏硬币，1 小勺盐

实验步骤

1. 往玻璃杯里倒半杯醋。

2. 加盐，搅拌至充分溶解。

3. 把几枚脏硬币放进去。

4. 几分钟后，拿出一半的硬币，放到纸巾上晾干。

5. 取出另外几枚硬币，用水冲洗干净，然后放到纸巾上晾干。

6. 过一段时间，观察两组硬币的不同之处。

发生了什么

醋（盐）溶液可以溶解硬币上的污垢，即氧化铜，使硬币重新变得闪闪发亮。用水冲洗硬币后，反应过程就停止了。没有冲洗的硬币上有残存溶液，与空气中的氧接触后发生了新的反应，使硬币变成了蓝绿色。

再接再厉

分别用镍币、银币和镍铜合金硬币再做一次这个实验，结果相同吗？[2]

_____

_____

_____

_____

_____

_____

_____

_____

_____

_____

泡酸澡

天呐！这位年轻的科学家想清洁几条刻着朋友名字的铜手链。但是，他用的溶液酸性太强，每个字母都被溶解了一部分。你能把这些字母补充完整吗？请找出每条手链的主人。

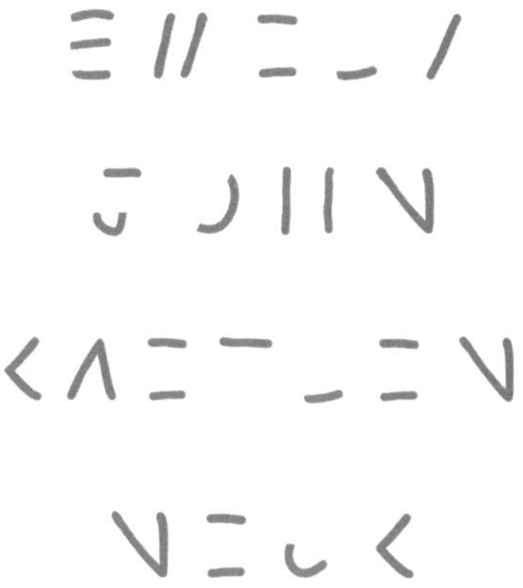

孩子的实验室

问题 怎样才能让金属恢复光泽？

实验综述 电镀是一种把金属镀在物品表面形成一层膜衣的技术过程。电镀过程比较复杂，很难在家庭实验室里操作。以下实验不是真正意义上的电镀，但可以把铜币上的铜镀到钉子上面。

科学原理 金属（比如铜）离子分离后，会存在于溶液中，但是，肉眼无法看见离子运动。要还原铜离子，可以把它们镀在待镀的金属表面。在以下实验中，醋（盐）溶液把氧化铜分离出来（硬币上的"污垢"），它们完全溶解后形成铜离子，很容易镀在其他金属（钉子）表面。于是，钉子外面就形成了一层铜质膜衣。

实验材料
醋（盐）溶液，2枚干净的钉子或金属别针，几枚生锈的硬币

实验步骤
1. 按照上一次的实验要求准备好醋（盐）溶液。
2. 把硬币放到醋（盐）溶液中浸泡，直到铜锈清除干净。
3. 取出硬币放到一边。

科学名词

电镀：用一种金属给另一种金属镀膜的技术过程。

4. 把钉子放到溶液中，静置几小时。

5. 小心地取出钉子，观察颜色是否发生变化。
如果没有明显变化，再重新放回溶液中。如果
想加快实验进程，可以把钉子和更多生锈的硬
币放入溶液中。

对小科学家提问题

· 钉子表面的镀膜是什么? _____

_____

_____

_____

· 在把钉子放进溶液之前为什么看不到这层膜?

_____

_____

_____

_____

_____

总结

这个过程非常不可思议。酸性溶液不仅分离出铜锈（由铜离子和氧离子构成
的氧化铜），还使铜离子留在溶液中。铜离子非常小，肉眼无法看见，它们游
离在溶液中，附着到带负电荷的金属上。浸泡在酸性溶液中的钉子会分解出
带有负电荷的阴极。铜离子被负电荷吸引，附着在钉子上，就使钉子镀上了
一层有淡淡金属色泽的膜衣。

科学博览会：化学

制造一个家用气压计

气压是反映当前天气和预测未来天气的指标。通常，气压下降或低气压地区会出现阴雨天气，气压上升或高气压地区会出现晴朗天气。当气温升高时，气压也会升高；气温下降时，气压也降低。海拔越高的地方，空气越稀薄，气压也更低，而且更冷。

我们来制造一个家用气压计吧。

问题

气压计的原理是什么？

实验综述

制造一个家用气压计，来预测天气情况。利用瓶子里的水位变化衡量气压的上升或下降，再对比天气预报，看看你测得准不准吧。

科学原理

气压计可以测量室外的空气压力，也可以用来预测天气。通过追踪一段时间的气压值判断未来的气压趋势。

水位变化是由气压造成的，通过测量瓶子里的水位变化可以预测气压的变化。

实验材料

容积为 2 升的空塑料瓶，鱼缸，水，马克笔，纸，刻刀或剪刀

实验步骤

1. 用刻刀或剪刀把塑料瓶的底部裁掉，让瓶子可以平稳地立在桌面上。可以在家长的帮助下完成这一步。

2. 往鱼缸里加半缸水。

3. 拧紧瓶盖，把瓶子倒过来。给瓶子装水，保证它倒过来的时候，水位高于鱼缸中水的高度。倒过来之后，调整瓶子的位置，让它稳当地立在鱼缸里。在瓶子上用马克笔给当前水位做记号。

4. 准备长纸条当作标尺。在纸条上画一个零点，在零点的上下方均匀地标上刻度。用这个标尺测量水位的变化。为了使测量更精确，可以把刻度单位设得小一些，建议以 0.3 厘米为单位。

5. 将标尺贴在瓶子上，零点刻度对准瓶内的水位高度。

6. 在标尺上鱼缸的水位处做个标记，记下测量时间。

7. 24 小时之后再做个标记，记录测量时间。

8. 每天测量一次，持续一周。一周之后，取出标尺，比较测量结果。

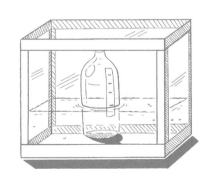

对小科学家提问题

·鱼缸水位在一周内发生变化了吗?

·水位是升高还是下降了?

·水位的变化说明气压发生了什么变化?

·根据水位变化可以对天气情况做出怎样的预测?

·你的预测和天气预报一致吗?

多做几次这个实验,更准确地预测一下未来的天气吧。

科学 名词

气象工作者:研究和报告天气情况的人。

总结

当外界气压升高时,空气会把鱼缸中的水位压低,水就被挤压到瓶子里,使瓶子里的水位升高。水银气压计也是利用这个原理测量气压变化的。

如果一周内的天气情况非常稳定,自制气压计的变化会很小。不过别灰心,可以多试几次,这个实验没有时间限制。

运动

　　游乐场上充满了欢笑。不论想荡秋千、爬梯子，还是坐跷跷板，你总能在游乐场如愿以偿。实际上，游乐场不仅带来了很多欢乐，也可以教给我们许多重要的物理学定律。

【试试看】跷跷板

问题

　　如何让跷跷板保持平衡？

实验材料

　　铅笔，1 把刻度为 20 厘米的尺子，10 枚硬币

实验步骤

　　1. 把铅笔放到一个比较硬的平面上，比如桌子。

　　2. 将尺子放在铅笔上，让铅笔处于 15 厘米刻度的地方。

　　3. 在尺子的一端放 5 枚硬币。

　　4. 另一端也放 5 枚硬币，移动硬币的位置使尺子保持平衡。

　　5. 拿走所有硬币。

　　6. 在尺子的 5 厘米刻度处放 6 枚硬币。

　　——粗心的科学家是怎么挑起一场战争的？

　　——他发明了轮子，然后就引发了一场革命！

科学在线

了解更多关于物理科学的信息，请访问 www.explorescience.com。

7. 在另一端找一个位置，只需放 3 枚硬币就可以使尺子保持平衡。

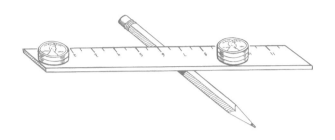

发生了什么

　　放在铅笔上面的尺子变成了一个杠杆。铅笔作为支点，又叫平衡点。为了使尺子保持平衡，需要在尺子两端施加相同的力，即作用在硬币上的重力。要注意，硬币离支点越远，越有助于尺子保持平衡。比如，在距离支点 10 厘米的地方放 3 枚硬币（3×10=30）相当于在另一端距离支点 5 厘米的地方放 6 枚硬币（6×5=30）。你能想到平衡这 3 枚硬币的其他办法吗？[1]

再接再厉

　　玩跷跷板时，如果搭档的体重比你重很多，就得找一个能让跷跷板保持平衡的位置。只要知道双方的体重，就能找到一个切实可行的方案了。[2]

科学名词

杠杆：用来抬起重物的一种装置。

重力：将我们拉向地球中心，让我们不离开地面的一种作用力。

【试试看】抛水球

抛水球是老少咸宜的游戏。试试在不打破水气球的情况下，你能把它抛出多远。如果装满水的气球摔破了，溅一身水也很好玩儿。

问题

怎样才能防止水气球摔破？

实验材料

几个装满水的气球，一个不介意弄湿衣服的朋友

实验步骤

1. 拿起一个水气球，站到朋友对面。把球抛出去。对方成功接住球之后，两人都后退一步。

2. 朋友再把球抛给你，你们再各往后退一步。重复这个过程，直到水气球摔破。

——如果你打翻了一杯装得满满的热饮料，会发生什么情况？

——饮料瞬间洒在地上，到处都是，这就是重力的作用。

3. 看看在没有摔破水气球的情况下，你能扔多远。

发生了什么

只要气球不破，这个游戏可以一直玩下去。但地面一般很硬，水气球掉在地面上通常会破裂。不过，草坪比地面柔软，水气球掉在草坪上往往能幸存。

如果想取得抛球比赛的胜利，需要利用"动量冲量定理"。就是在接球时双手回撤一点作为缓冲，水气球就不那么容易破了。

再接再厉

橄榄球运动员穿护具是为了减轻冲撞时的疼痛。体操运动员和摔跤运动员在棉垫上比赛，也是为了减轻撞击时的冲击力。跳伞运动员在落地时会弯曲膝盖或跑几步，也是出于同样的目的。你还能想到生活中其他利用缓冲原理减轻冲力的例子吗？[3]

酷格言

我说的每句话都不应被看作真理，而应被看作一个问题。

——尼尔斯·博尔
丹麦物理学家

孩子的实验室

问题 船为什么能浮在水面上?

实验综述 用橡皮泥和一些简单材料就可以找出物体的大小和形状与浮力的关系。

科学原理 根据阿基米德原理,船之所以能漂浮在水面上,是因为水用一种相当于船体重量的向上的力托起了它,这个力叫浮力。你可以把橡皮泥捏成某种形状,让它沉到水里;也可以用同样的橡皮泥捏成一只船,让它漂在水面上。不同形状的船产生的浮力不同。如果你成功捏出了一只浮在水面上的船,接下来就给你的船装上货物吧。

科学在线

了解更多关于事物运作原理的知识,请访问 www.howstuffworks.com。

实验材料
一个大鱼缸,橡皮泥,几枚硬币,曲别针

科学名词

阿基米德原理: 一个物体自身的重量等于它浸在水中时排开的水的重量。

实验步骤

1. 把一块手掌大小的橡皮泥捏成一个球，放到水里面。

2. 把橡皮泥捏成不同的形状，找出能让它浮在水面上的方法。然后在橡皮泥上面放硬币，直到它沉下去。记下承载的硬币数量。

3. 记下能承载最多硬币的橡皮泥的形状。

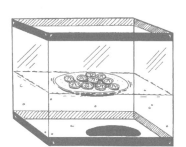

对小科学家提问题

· 哪一种橡皮泥船的承重最大？ _____

· 这艘船有什么特点？它能承载多大的重量？ _____

_____

· 这一原理适用于那些装载着几千吨货物漂洋过海的大轮船吗？用金属制造的大轮船是怎样漂浮在水面上的？ _____

_____

· 为什么人不能像船一样漂浮在水面上？ _____

再接再厉

空气阻力的作用原理与浮力类似。物体在下降过程中受到了向上的空气阻力。

【试试看】转弯

这一章的内容大部分与重力有关，还有许多有关物理学的知识等待我们发现。世界上的所有物体都处于运动中——汽车、鸟儿、树叶、棒球、游乐场上的孩子们。你有没有这样的经历——汽车转弯时，感到自己好像被一股莫名的力量推向车门。车子向左拐，你却被推向右边。

问题

为什么汽车转弯时，坐在车里的人会被推向车门？

实验材料

一辆由大人驾驶的汽车（车上的每个人都必须系安全带），一条有若干弯道的路，拴在绳子上的氦气球

实验步骤

1. 在保证安全的前提下，让大人开车用不同的速度转几个弯。形容一下汽车转弯时你的感受及推力的方向。

2. 坐在车上，拽住气球绳子的一头，使气球能在空气中自由运动。

3. 再让大人开车转几个弯，描述气球的运动。

趣味知识

艾萨克·牛顿先生提出三大运动定律时正身处乡间，躲避17世纪英国不断扩散的瘟疫。

科学 名词

惯性：物体保持运动状态的属性。即，如果物体在运动，它将继续保持运动状态；如果它静止，也将保持静止状态。

发生了什么

你不是因为外力作用而是因为惯性冲向车门。惯性是物体自身具有的一种属性，大小与物体重量有关。惯性的方向与物体运动方向保持一致，称为惯性定律，物体有保持之前运动方向不变的惯性。当汽车转弯时，车里的人因惯性还保持原来的运动方向，而汽车的重量比人大得多,会迫使车上的人改变运动方向。所以，你不是被外力推向车门，而是惯性让你觉得自己被推向车门。

再接再厉

上面的实验似乎无法解释气球的运动。为什么气球的运动方向和你相反？[4]

_____

_____

_____

_____

疯狂转弯

从图中找出和运动定律有关的 7 个物理学名词。一个例词已经圈出来了。

~~GRAVITY~~
FORCE
INERTIA
PHYSICS
REACTION
LEVER
ISAAC NEWTON
MOTION

```
W H Y G D L I D T H E
F A I R R E S I T U I
P N N A N V E R A Y S
H P E V I T Y H N Y A
Y S R I C I S T C C A
S R T I A O M S E C S
I C S T H F O R N E P
L A Y N O I T E C G R
R O U N D ? W T O E G
E T T O T T H E A O T
H E R N O I T C S L I
D E ! N H A H A H A !
```

【试试看】气球火箭

物体总是朝着某一个特定方向运动，这是为什么呢？火箭离地升空时，有一团巨大的烟云和火焰从底座喷发出来。为什么火箭要消耗如此多的燃料呢？

问题

火箭是如何运行的？

实验材料

橡胶气球，长绳子，塑料吸管，胶带

实验步骤

1. 给气球吹气，用手指捏紧气球，防止漏气。

2. 松开手指，观察气球的运动。

3. 把长绳子穿过吸管，将绳子的两端固定在一面墙或其他牢固的支点上，悬空，与地面平行。

4. 再给气球吹气，捏紧气球嘴。

5. 用胶带把吹满气的气球粘在吸管上。然后松手放开气球，观察气球的运动。

发生了什么

物体运动需要外力作用。虽然表面上没有任何东西推动气球，但有某种物质促使它运动，那就是空气！给气球放气时，从气球里漏出来的空气粒子遇到气球外面的空气粒子，产生一种压力，让人感到有空气从气球里跑出来，这也是促使气球运动的原因。这是牛顿运动定律的第三定律，通常被称为作用力和反作用力。该定律认为每一个作用力（从气球中逸出且受到外部空气压迫的空气）都同时有另一个大小相等、方向相反的反作用力（迫使空气回到气球里面且促使气球运动的外部空气）。火箭的运行原理与此相同，燃烧的燃料产生了促使火箭升空的巨大反作用力。

傻乎乎的实验……

——为什么那位科学家带着尺子睡觉？

——看看他能睡多长呗！

*

——为什么那位科学家要在枕头下面放一颗糖？

——看看能不能做个甜甜的梦呗！

*

——为什么那位科学家要坐在手表上？

——看看准点儿（"on time"）是什么感觉啊！

*

——为什么那位科学家总要放一把尺子在实验室里？

——看看能不能保证事实的准确性（keep facts straight）啊！

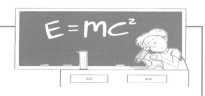

孩子的实验室

问题 是什么让秋千荡起来的？

实验综述 设置一种与秋千类似的装置，比如摆。通过测量摆的长度、悬挂在摆端的物体重量及摆动的幅度找出决定摆动时间的因素。

摆： 悬在细线上能做往复运动的装置。

周期： 摆完成一次完整摆动需要的时间。

科学原理 16世纪，意大利的伽利略通过实验验证影响吊灯摆动速度的因素。为了增强实验的准确性，他使用"周期"这个词描述一次完整的摆动所需的时间，即摆从一边到另一边再返回原位置需要的时间。结果证明，摆的长度、摆端的重量及摆动幅度是三个影响因素。一次以一个因素为变量，保持其他两个因素不变，总结影响摆动周期的原因。

实验材料
一些完全一样的物品（比如勺子、螺丝、橡胶垫圈、铅笔等），一条至少1米长的绳子，门廊，图钉，秒表

实验步骤
第一部分：摆端的重量
1. 在绳子上系一个重物。

2. 用图钉把绳子的另一端固定在门廊上。

3. 往后拉绳子，然后放开，同时用秒表开始计时。

4. 数 10 次完整的摆动，在第 10 次摆动完成时停止计时，记录时间。

5. 在绳子上加一样物品，重复实验，记录时间（如图所示）。

6. 再加一样物品，重复实验，记录时间。

7. 重复以上实验步骤，共获得 4 次时间纪录。

第二部分：摆动的幅度

1. 把绳子上所有的东西都拿下来，只保留第一样物品，往后拉一点绳子再放开。

2. 数 10 次完整摆动，记录时间。

3. 把绳子往后再拉远一点，重复实验，记录时间。

4. 重复以上实验步骤，每次都将绳子拉得比前一次更远一点，共获得 4 次时间记录。

第三部分：摆的长度

1. 从一样物品开始，记下 10 次摆动的时间。

2. 把绳子缩短 10 厘米。

3. 重复实验，以相同的幅度拉绳子，记录时间。

4. 每次都将绳子缩短约 10 厘米，重复以上实验步骤，记录 4 次时间。

对小科学家提问题

· 哪些因素影响了摆动周期？ _____

· 为什么其他因素对摆动周期没有影响？ _____

_____

· 荡秋千时，怎样防止秋千荡得越来越慢？ _____

_____

科学 名词

电：储存在正、负电荷中的能量。

电池：存储电能的装置。

趣味知识

一些石头带有磁力，被称为吸铁石，最早发现于希腊附近的马格尼西亚地区。

能量

能量有很多不同的形式。比如，太阳通过光能和热能的形式提供能量。人类通过吃东西给身体补充能量。汽车、火车和飞机运行也需要能量。把电器的插销插到电源插座里，会产生另一种形式的能量。

【试试看】电磁

问题

电会干扰指南针吗？

实验材料

小型指南针，一段两端露出裸电线的绝缘导线，一节1.5伏的电池

实验步骤

1. 把指南针平放在桌子上，N端指针指示正北方向。

2. 把导线横放在指南针上面，使其和指针指示方向一致。不要让暴露在外的裸电线接触指南针。

3. 把导线两端接到电池的两极上，观察指针的变化。

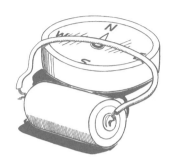

发生了什么

丹麦物理学家汉斯·克里斯蒂安·奥斯特发现，导线在导电时具有磁性。指南针是一个非常小的磁体，受到通电导线的磁力作用，N 端指针指向了南方。

再接再厉

把导线从电池上移开，N 端指针会重新指示北方。把导线放到指南针下面，再将两端接到电池上。你看到了什么？ [5]

——一个磁体会和另一个磁体说什么？

——"我觉得你很有吸引力。"

孩子的实验室

问题 电磁体的作用原理是什么?

实验综述 利用这个实验制作一个电磁体。缠绕在螺丝刀上的线圈可以强化由通电导线产生的磁场。你可以通过电磁体吸附的曲别针数量测量磁场强度。

科学原理 导线可以形成磁场,把导线缠绕成线圈可以强化磁场的磁力,这些线圈叫螺线管。当把它缠在金属芯(如螺丝刀)上时,会形成磁力很强的磁场。当一枚钉子处于这个磁场里时,就会被磁化,只要磁场存在,钉子就一直有磁性。

实验材料
一段较长的绝缘铜导线,螺丝刀,胶带,电池 (5 号,2 号或 1 号),曲别针

科学名词

电磁体:导线通电后产生电磁的磁体。

螺线管:缠绕成圆柱体的导线。

实验步骤
1.在导线的一端留出8厘米的长度作为自由端,然后把导线在螺丝刀上绕 10 圈。
2.将导线的另一端用胶带固定在电池的负极上(有符号 "–" 的一端)。
3. 握住螺丝刀的把手,同时把导线的自由端接到电池的正极上(有符号 "+" 的一端)。

4. 计算螺丝刀吸起的曲别针数量。

5. 从电池上移开导线自由端，在螺丝刀上再缠10圈导线。

6. 重复实验，计算螺丝刀吸起的曲别针数量。

7. 再把自由端从电池上移开。

8. 将剩下的导线都缠到螺丝刀上，留出 8 厘米长的导线作为自由端，重复实验。

对小科学家提问题

· 螺丝刀为什么变成了一个磁体？

_____

_____

· 怎样控制电磁体的"开关"？ _____

_____

· 增加螺丝刀上的线圈对吸起的曲别针数量有什么影响？

_____

· 带"开关"的磁体有什么优点？ _____

_____

再接再厉

试着吸起曲别针，在空中移动它们，放到其他地方。这一方法会在什么地方使用？ [6]

_____

_____

_____

【试试看】鸟笼

除了电，能量还有很多存在形式。请你观察一下周围的环境，是不是有各种各样的颜色？太阳光从 1.5 亿千米之外的地方照射在地球的物体上，再反射到你的眼睛里。不可思议吧！光和色彩是能量的一种形式，它们就在我们身边，却常常被忽略。

问题

什么是余像？

实验材料

剪刀，5 厘米 × 3 厘米大小的便笺，水彩笔，胶带，铅笔

实验步骤

1. 把便签剪成两半。

2. 在其中一半便签的正中间画一只鸟。

3. 在另一半的正中间画一只鸟笼。

4. 把两半便签背对背用胶带粘在铅笔的一端，这样前面和后面都能看到一张图片。

5. 用两只手快速搓铅笔，直到看见小鸟被关在鸟笼里。

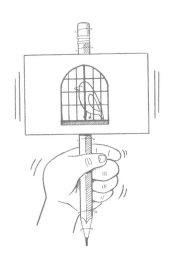

发生了什么

人类的眼睛在图像消失后仍能看到它们，这就是余像。铅笔快速旋转时，小鸟已经进入视野，但你的眼睛仍能看到鸟笼，就好像小鸟进入了鸟笼一样。同样，鸟笼进入视野时，眼睛仍能看到小鸟，小鸟就好像被抓进鸟笼一样。

再接再厉

请画些别的画吧，比如花和花瓶、一个人在荡秋千，甚至可以是月亮上的一张脸。可以使用不同的颜色让图像看起来更逼真。

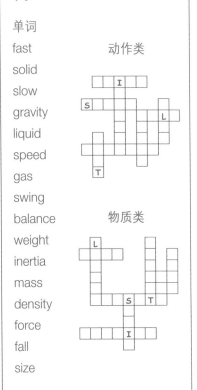

分类记忆

科学方法的一个重要步骤是给事物分类。把下面列出的单词分成两组，填入两个表格中。提示：每个表格中已经给出一个字母 L、一个字母 I、一个字母 S 和一个字母 T 作为提示。

单词

fast
solid
slow
gravity
liquid
speed
gas
swing
balance
weight
inertia
mass
density
force
fall
size

动作类

物质类

——疯狂的科学家去哪里上大学？

——去"疯子大学"（looney-versity）！

【试试看】光的颜色

颜色是一个很有意思的研究课题。蓝色和黄色可以调出绿色，蓝色和红色可以调出紫色。每一种颜色都能通过红色、黄色和蓝色这三种基本色按照适当比例调配出来。基本色是只有红色、蓝色和黄色吗？实际上不是。

问题

光的基本色是什么？

实验材料

准备红、蓝、绿三种颜色的正方形玻璃纸或塑料膜各一张，大小能罩住手电筒的筒头，3只手电筒，一些橡皮筋，一块白色屏幕或墙壁

实验步骤

1. 用橡皮筋把玻璃纸或塑料膜套在每只手电筒上。

2. 打开手电筒，确保每只手电筒发出的光颜色正常。

3. 把红光和蓝光照到屏幕上，让光圈重合。屏幕上出现了什么颜色？

4. 把红光和绿光照到屏幕上，让光圈重合。屏幕上出现了什么颜色？

5. 把蓝光和绿光照到屏幕上，让光圈重合。屏幕上出现了什么颜色？

6. 把三种光都照到屏幕上，让光圈重合。屏幕上出现了什么颜色？

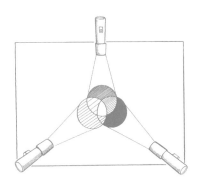

发生了什么

光与颜料不同。红光、蓝光和绿光可以混在一起形成各种颜色的光，所以红色、蓝色、绿色被称为三原色。二级色由两个原色混合而成，主要有品红、黄色和青色。当这三种颜色混在一起时，应该产生白光。如果光的颜色不够纯正，可能产生米白色的光。

再接再厉

透过红色、蓝色或绿色的滤光器看到的大部分东西的颜色与滤光器的颜色相同，也有一些物体是黑色的。这些物体反射的光被滤光器阻隔，因此你看不到任何颜色。

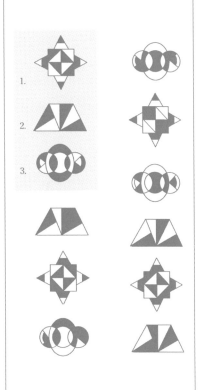

黑与白

请找出和下图框里的图形完全相反的图形，在每组相反的图形之间连线。

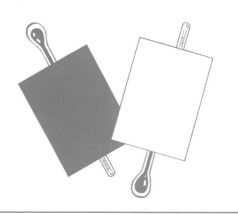

孩子的实验室

问题 哪种颜色的温度更高：黑色还是白色？

实验综述 这个实验将检测黑色物体是否比白色物体升温快。测量每种颜色罐子里水的温度和每种颜色卡片下空气的温度。

科学原理 物体的颜色由它反射的光的颜色决定，而其他颜色的光则被物体吸收了，一些物体吸收的光较多。白色物体能反射所有颜色的光，即不吸收任何光。但是,黑色物体不反射光,即会吸收所有颜色的光。以下实验将证明，白色和黑色物体哪一个温度更高。

实验材料
两支温度计，一张白纸，一张黑纸，一个涂成白色的锡罐，一个涂成黑色的锡罐（可以在大人的帮助下涂色），一个水罐

实验步骤
1. 把温度计放到室外，上面各盖一张纸。
2. 静置 30 分钟。
3. 拿开纸，比较两支温度计的读数。
4. 给每个锡罐装满相同温度的水，然后把和锡罐相同颜色的纸盖在上面（黑色

纸盖在黑色锡罐上，白色纸盖在白色锡罐上）。

5. 将两个锡罐放到室外，静置 30 分钟。拿开纸，比较两罐水的温度。

对小科学家提问题

· 在这个实验中，哪支温度计显示的温度更高？ _____

_____

_____

_____

_____

· 哪个罐子的水更热？ _____

_____

_____

_____

_____

· 在寒冷的日子里，穿什么颜色的衣服更保暖——黑色还是白色？ _____

_____

_____

_____

_____

· 在气候炎热的地方，开什么颜色的车更凉快？ _____

_____

_____

_____

_____

_____

科学博览会：物理学

重力

在人类历史早期，人们认为质量大的物体比质量小的物体下落速度快。公元前 4 世纪，著名的科学家亚里士多德曾试图找出物体质量和下落速度之间的关系。比亚里士多德晚 2000 年的伽利略认为，二者之间并没有联系。在当时有限的技术条件下，他通过实验证明，物体下落快慢与空气阻力有关，而不是物体的重量。你的观点是什么？

问题

为什么一些物体比其他物体下落速度更快？

实验综述

这个实验通过测试几种不同的物体，找出影响物体下落速度的因素。以重量不同、大小不同、实心的和空心的物体为实验对象。

科学原理

很久之前，人们普遍认为重的物体在空中下落速度更快，这一观点最著名的支持者是亚里士多德。现在，我们仍有足够的证据支持这一论断。例如，如果同时把一个乒乓球和一个保龄球从飞机上扔下去，保龄球一定先落地。但是，乒乓球和保龄球的体积不同，所以这个实验并不严谨。如果把一

个乒乓球和一个高尔夫球同时扔下去，乒乓球还是会后落地，这是为什么？

16 世纪，伽利略想证明物体的重量与下降速度无关——如果排除空气阻力的影响，任何物体的下降速度都一样。前面我们做过关于空气压力的实验，现在，让我们想想空气对物体下落速度的影响吧。

当你跑步或坐在车窗旁边时，能感觉到风。如果风很大，你会举步维艰。现在，想象一下你在空中自由落体，下落得越快，感觉到的风力越大，下降速度就越慢。重的人和轻的人受到的空气阻力不同。我们将在接下来的实验中进一步认识空气阻力。

实验材料

羽毛等较轻的物体，石头等较重的物体，塑料小人等较小的物体，篮球等较大的物体，槌球等实心物体，威浮球等空心物体，你选择的其他 4 个物体：一张纸、一支笔、讲台或其他高的地方（可以让你站在上面往下丢东西，这个地方越高越好，但必须确保你扔东西的地方不会有人经过），一个搭档（请他告诉你哪个物体先落地）。

实验步骤

每次测试后都要记录结果，以下为示例：

测试：轻（物体的名字，比如羽毛）vs. 重（物体的名字，比如石头）

轻的物体（羽毛）——小、白色，几乎没有重量，约 2.5 厘米长，非实心

重的物体（石头）——中等大小，棕黑色，和一只棒球的重量相近，直径约 2.5 厘米，圆形，实心

先落地者：石头

按顺序依次进行以下测试，记录结果：

轻—重

小—大

实心—空心

你选择的其他物体组合

完成所有测试后，比较结果，找出加快物体下落的因素。

对小科学家提问题

· 在所有物体中，什么物体下落得最快？

· 这个物体有什么特征？

· 物体的哪些特性对下落速度没有影响？

· 什么物体下落得最慢？

· 哪个组合的物体下落速度差别最大？

· 怎样才能证明伽利略的观点？

总结

物体的形状对下落速度是一个非常重要的影响因素。当然，重量也很重要——重量很轻的物体，无论形状如何，下落速度都非常慢，它们受到空气阻力作用后下落得更慢。较重的物体的形状也很重要，可以用一个简单的实验证明这一点：把一张平整的纸和一张一模一样但揉皱的纸同时扔下去，揉皱的纸会先落地。

现代科学已经证明，如果排除空气阻力的影响，物体不论大小和形状，都会以相同的速度下落。宇航员曾在月球上把一片羽毛和一把锤子同时扔下去，对比二者的下落速度。月球上没有空气，你能猜到结果吗？结果是羽毛和锤子同时落地。

第4章

地球科学

趣味知识

北美地区的大部分酸雨由燃煤发电排出的气体形成。世界上日降雨量的最高纪录是在1952年留尼旺岛的锡拉奥（Cilaos, Reunion Island），24小时之内降雨约1810毫米。

科学名词

酸雨：云雾中形成的含有酸性物质的雨。酸雨对人类、动物和农作物都有危害。

你是否有过这样美好的经历——躺在茵茵绿草上，沐浴在温暖的阳光下，看着天空中的白云一朵朵飘过，心中不禁好奇，这一切是如何发生的？从很多角度来看，地球都是一个奇迹。宇宙中有很多像太阳一样的恒星，也有很多围绕恒星运行的行星。但是到目前为止，没有在其他行星发现水、树木、青草及像地球一样适宜生命存在的气候。

地球只有一个，我们应该保护它。如果人类不好好珍惜地球，它的美丽就会面临威胁。现在，地球的水污染和空气污染越来越严重，引起了人们的担忧。地球资源很珍贵，我们要爱惜它。

【试试看】酸雨

问题

什么是酸雨？

实验材料

空玻璃杯，水，酚红，一根吸管

实验步骤

1. 往玻璃杯中倒入 1/2~3/4 的凉水。

2. 在水中滴约 20 滴酚红，让水变成淡红色，可以适当调整酚红的量。

3. 把吸管放入水中吹气，持续约 20 秒，可以看到水中产生了很多气泡。注意：千万不要喝瓶子里的水！

4. 观察水的颜色，应该比之前更浅了。

5. 往水里多吹几次气，不一会儿，水就恢复清澈了。

发生了什么

酚红和酸相互作用时，会改变水的颜色。当你往水中吹气时，呼出的二氧化碳和水发生反应，产生一种非常弱的酸。二氧化碳越多，就有越多的酸和酚红发生反应，水就变得清澈了。游泳池的保洁员就是用酚红测量池水酸度，然后选择用哪种化学物质保持池水清洁。

再接再厉

这个实验和酸雨有什么关系？煤炭、汽油或其他矿物燃料燃烧后会向空气中排放很多二氧化碳，与空气中的水（雨水）发生反应后形成某种酸。含有酸的雨水落到地面，污染了饮用水，威胁人类的用水安全。因此，我们一定要控制废气排放，保护水资源。

风的速度

请你用最快的速度从 ANEMOMETER（一种测量风速的设备）这个单词中找出 20 个单词。每个单词包含 3 个或 3 个以上的字母。

附加实验：拿出一张纸，写出 20 个含有 4 个字母的单词，5 个含有 5 个字母的单词和 4 个含有 6 个字母的单词。如果想挑战一下，再写出 1 个含有 7 个字母的单词吧。

———————— ————————
———————— ————————
———————— ————————
———————— ————————
———————— ————————
———————— ————————
———————— ————————
———————— ————————
———————— ————————
———————— ————————

孩子的实验室

风吹过地球表面时遵循某种特定的模式，这叫科里奥利效应。这种模式使风在北半球时沿逆时针方向流动，在南半球时沿顺时针方向流动。

问题 怎样判断风力大小？

实验综述 在这个实验中，你会制作一个简单的风速计，这是一种测量风速的设备。它不能精确测算风的速度，只能判断哪天的风速最大。

科学原理 微风吹过地球表面，几乎不会危害人类。风速计上有一些小杯子，它们捕捉到风时会旋转。风杯旋转得越快，风力就越大。

实验材料
胶水，一张厚硬纸板，一个空线轴或一块橡皮泥，剪刀，一小块木板，订书机，铅笔，4 个蛋糕纸杯，针或一根细钉子，一张颜色鲜亮的不干胶贴纸，秒表

半球：地球的一半。

风速计：一种测量风速的设备。

实验步骤

1.把线轴粘在木板上，插入一支铅笔，有橡皮的那一头朝上。

2.将针插入橡皮里。

3.从硬纸板上剪下两条纸，至少长 40 厘米，宽 5 厘米。

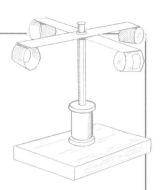

4. 用剪刀在纸条的中间剪出裂口,把它们拼成一个十字。

5. 在十字板的每一端粘或订上 1 个纸杯, 如图所示, 确保每个杯子都能兜住风。

6. 把贴纸贴在其中 1 个杯子上。保证贴纸能清楚地看到。

7. 把十字板安到针上, 使其可以灵活旋转。如果十字板不能转动,用针把中间的洞扎大一些。

8. 把风速计放到室外有风的地方。

9. 未来几天, 每天在不同的时间记录风速。

关于测量风速的说明 用秒表或可以计时的钟表计时。计算一分钟内有贴纸的杯子旋转的次数。这个次数就代表风速。比较记录下的数据。

趣味知识

一般用蒲福风级来反映风力大小,分成 0 级 (无风) 到 12 级 (飓风)。风速超过 120 千米 / 小时)。世界上的最大地表风速纪录出现在 1934 年的美国新罕布什尔州。风速达到 372 千米 / 小时。

对小科学家提问题

· 最快的风速是多少? _____

_____

_____

· 一天之中, 什么时间风最大? 什么时间风最小? _____

_____

· 在你家, 有没有一个地方比其他地方风力都大? 怎样测量? _____

_____

_____

· 你知道气象学家怎么精确测量风速吗? [1]_____

_____

_____

【试试看】迷你火山

问题

火山爆发是什么样的？

实验材料

小塑料瓶，1/2 杯醋，小苏打，带嘴量杯，宽托盘或烤盘，红色食用色素，沙子或泥土

实验步骤

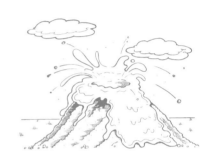

1. 在瓶子里加入小苏打，到 1/4~1/2 满，把瓶子放在托盘中间。

2. 用沙子把瓶子围起来，只露出瓶口。这时，瓶子看起来像一座小火山。

3. 在量杯里倒入醋。

4. 在醋里倒几滴食用色素，然后迅速把它倒进塑料瓶里。

发生了什么

小苏打和醋混合时，会发生剧烈的反应。喷出的红色液体像火山岩浆。在现实中，火山里是灼热的气体和岩浆。压力极大时，火山会爆发，岩石在高温高压的作用下熔化并喷发出来，形成炽热的火山灰和岩浆。

云朵里的脑袋

　　天空的云朵有时看起来像人或动物的形状。请把下图中标有数字的点按顺序连起来，看看它像什么。提示：为了保证图画美观，点与点之间用曲线连接，不要用直线。

——科学家在哪里研究地震？

——在卫生间（"lavatory"，"lava" 意为"岩浆"）！

【试试看】太阳照耀大地

从花园里的泥土，到地核中的液态金属，地球上每天都有不寻常的事情发生，而我们对此知之甚少。其中一个最简单的事实，就是太阳给地球提供热量。

问题

谁的温度升高得更快，土地还是水？

实验材料

两个小杯子，水，泥土，两支温度计

实验步骤

1. 往一个杯子里倒满水，另一个装满泥土。

2. 把两个杯子在冰箱里放 10 分钟。

3. 取出杯子，在每个杯子里放一支温度计。记录初始温度。

4. 让杯子在充沛的阳光下静置 15 分钟。

5. 15 分钟后，记录两个杯子的温度。

发生了什么

在阳光的照射下，土地比水升温更快。因此，装着泥土的杯子比装着水的杯子温度更高。这也是为什么天气炎热时，沙滩非常烫，湖水却仍然清凉。

再接再厉

当你把手伸进沙子里时，沙子是从里到外都很热，还是仅仅表层很热？[2] 有些动物会钻到泥土里清凉的地方筑巢，你知道哪些动物是这样吗？

_____

_____

_____

_____

_____

向上？向下？

怎样区分钟乳石（stalactite）和石笋（stalagmite）？用列表里的单词组句，然后，你就能记住这两个单词了。

> Word List
> MIGHTY
> STALACTITE
> STALAGMITE
> TIGHT

A _____

hangs _____ to the ceiling.

A _____

grows _____ tall from the floor.

酷格言

太空并非遥不可及。如果汽车可以竖直向上行驶，也就是一小时车程而已。

——弗雷德·霍伊尔爵士
英国数学家、天文学家

孩子的实验室

问题　冰柱是怎样形成的?

实验综述　钟乳石和石笋的形成过程和冰柱的形成过程非常相似。石笋是塔状的矿物质,坚硬如岩石,一般出现在地下深处的岩洞里。用泻盐自制"冰柱",借此了解钟乳石和石笋的形成过程。

科学原理　冰柱只能在特定的条件下形成。首先,温度要低到能使水结冰,同时,冰可以融化,水可以滴下来。因此,冰柱总沿着房檐出现。房内温度较高,使房顶上的雪融化,沿着房檐滴下来。雪水滴落时容易冻结成冰。然后,新融化的雪水沿着结冰的地方流下来,在到达底端时冻住。就这样,雪水变成了冰柱。

岩洞里的钟乳石和石笋的形成过程与冰柱相似。唯一的区别在于,水滴下后留下了少量的方解石,加固着钟乳石的顶端。水滴中的方解石也使钟乳石更加坚固。掉在地面的方解石逐渐沉积,形成石笋。经过很长时间后,在岩洞顶上生长的钟乳石和在地面上生长的石笋连接在一起,形成石柱。

科学名词

钟乳石:经过漫长的时间形成,在岩洞顶上生长的细长矿物质沉淀物(外表像石头),一般出现在岩洞中。

石笋:经过漫长的时间形成,在地面上不断积累生长起来的细长矿物质沉淀物(和钟乳石非常相似)。

石柱:钟乳石和石笋不断生长,连接在一起,形成石柱。

实验材料

大玻璃杯，水，小勺，一盒泻盐，两个玻璃杯，一根粗绳子或一块吸水性良好的布，蜡纸

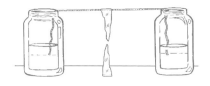
实验步骤

1. 在大玻璃杯中装满水，加入泻盐搅拌，直到溶液饱和（饱和后会有泻盐沉淀）。

2. 把泻盐溶液倒入两个小玻璃杯中至半满，然后把杯子各放在一张蜡纸上。

3. 将绳子的两端各放入一个玻璃杯中，使绳子的中间部分在两个杯子之间悬空。

4. 接下来，仔细观察"钟乳石"和"石笋"如何形成。

对小科学家提问题

· 实验中形成的圆锥体，哪个是"钟乳石"，哪个是"石笋"？＿＿＿＿＿＿

＿＿＿＿＿＿＿＿＿＿＿＿＿＿＿＿＿＿＿＿＿＿＿＿＿＿＿＿＿＿＿＿＿

· "钟乳石"每天长几厘米？＿＿＿＿＿＿＿＿＿＿＿＿＿＿＿＿＿＿＿＿＿＿

· 实验中，"钟乳石"和"石笋"的生长过程是否加快过？＿＿＿＿＿＿＿＿＿

· 在气候寒冷的地方，冰柱是怎样形成的？＿＿＿＿＿＿＿＿＿＿＿＿＿＿＿

＿＿＿＿＿＿＿＿＿＿＿＿＿＿＿＿＿＿＿＿＿＿＿＿＿＿＿＿＿＿＿＿＿

· 怎样防止房檐上长出冰柱？＿＿＿＿＿＿＿＿＿＿＿＿＿＿＿＿＿＿＿＿＿

再接再厉

如果把泻盐换成别的物质，实验还能成功吗？试试小苏打、食盐、糖，等等。另外，泻盐在药店有售，它还有什么用途？[3]

＿＿＿＿＿＿＿＿＿＿＿＿＿＿＿＿＿＿＿＿＿＿＿＿＿＿＿＿＿＿＿＿＿

头顶的天空

晴朗的夜空中，繁星灿烂，令人心生感慨。浩瀚的宇宙无边无际，相比之下地球何其渺小。古代人类文明有许多关于星辰的神话，日升月沉，四季更迭，记录着人类历史的进程。

【试试看】空气的空间

问题

空气也会占用空间吗?

实验材料

气球（直径最小为 23 厘米），窄口玻璃瓶，一锅沸水，一锅冰水，漏斗，胶布，水

实验步骤

1. 把气球套在玻璃瓶的瓶嘴上。

2. 确保气球和瓶嘴之间不漏气，然后把玻璃瓶放在盛有沸水的锅里。注意安全，不要离沸水太近，观察气球的变化。

3. 把玻璃瓶从沸水中拿出来，摘掉气球，然后重新把它套在瓶口上。这时，玻璃瓶里充满了非常热的空气。

4. 将玻璃瓶放到盛有凉水的锅里。观察气球的变化。

——科学家什么时候最聪明?

——当然是白天，因为当太阳照耀大地时，一切都变得更明亮了（"brighter"，也有更聪明的意思）！

科学在线

想了解更多关于行星和恒星的知识，请访问以下网站。

《天空与望远镜》杂志：
www.skyandtelescope.com
"观星者"的主页：
www.jackstargazer.com

5. 从水中取出玻璃瓶，在常温下静置 10 分钟。

6. 拿下气球。

7. 把漏斗放在瓶口上，用胶布把瓶口和漏斗之间的缝隙封住，防止瓶内的空气外逸。

8. 通过漏斗往瓶子里倒水，观察发生了什么。

发生了什么

把气球套在瓶口上时，瓶子里充满了空气。气球没有鼓起来，是因为空气的体积与瓶子的容积恰好相等。给空气加热时，空气开始膨胀，体积变大。多余的气体钻进气球，使气球鼓起来。把瓶子从热水里拿出来，放到凉水中，空气的体积变小。气球不仅没有鼓起来，还被吸进了瓶子里。把瓶子放到常温下，气球又恢复原状。

漏斗实验告诉我们，空气不仅有一定的体积，还很难被压缩。把瓶口封住后，瓶子里充满了空气。因此，当你往漏斗里倒水时，水的重量不足以压缩瓶子里的空气，所以水始终都在漏斗里，好像没有受到重力作用。

再接再厉

请你列举其他关于空气膨胀和收缩的例子。[4]

_____

_____

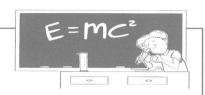

孩子的实验室

问题 怎样通过观察太阳判断时间？

实验综述 在这个实验中，你将自制一个日晷。利用日晷，你就可以判断时间了。一天中，太阳会在日晷上投射出不同长度和角度的影子。你可以通过影子的位置，获知准确的时间。

科学原理 看起来太阳好像绕着地球旋转，事实上，地球绕自转轴在自转，所以，不论什么时候，地球上只有一半的人能看见太阳，另一半则看不到。这就是为什么我们会有黑夜和白昼。通过观察太阳留在日晷上影子的位置，我们就可以判断白天的时间。使用日晷前需要知道一些基本知识。比如，你需要辨别正北方向，白天某个特定时间太阳影子的位置等。用日晷判断时间非常精确。

实验材料
结实的圆形纸盘，没有削过的铅笔，橡皮泥，指南针，记号笔

日晷： 一种古代的计时装置。

实验步骤
1. 在纸盘中间戳一个洞，大小刚好可以把铅笔插进去。
2. 将铅笔穿进纸盘，注意让纸盘底部朝上。

3. 在纸盘下面的铅笔头上粘一块橡皮泥，用来固定整个装置。

4. 用指南针的 N 端确定正北方向，把"日晷"放在一个开阔的地方，让铅笔向北方微微倾斜。

5. 早上 8 点钟时，在日晷上标记铅笔影子的位置，注明"8:00 A.M."的字样。每隔两小时记录一次，直到日落。这样，"日晷"就做好啦！

对小科学家提问题

· 日晷上每个标记之间的距离一样吗？ _____

_____

· 在一年中的不同时间制作或使用日晷有区别吗？如果白昼时间不相等，会发生什么情况？ _____

_____

· 一天中的什么时间，铅笔的影子指示正北方向？全年都如此吗？ _____

_____

再接再厉

在古代，人们经常使用日晷判断时间，请你思考以下问题：

· 他们制造日晷的方法有什么不同？

· 古代使用的哪些日晷和你的日晷很像？

· 为什么人们不再使用日晷了？

在你家附近转一转，看看是否能找到日晷。如果找得到，观察一下它的精确性如何。

趣味知识

实际上，地球在夏天时离太阳更远（6月时是1.5亿千米），在冬天时反而更近（12月时是1.47亿千米）。地球公转轨道面与赤道成23°的交角，这也是四季更迭的原因。

科学 名词

地球斜度：地轴与一条垂直线形成的角度。

【试试看】阳光下的季节

判断时间的另一种方法是注意四季的变化。从炎热的夏天，到凉爽的秋天，再到大雪纷飞的冬天和百花争艳的春天，季节的变化告诉我们时间在流逝，地球一直都在围绕太阳旋转，四季变化需要一整年的时间。很多人认为，夏热冬寒的原因是夏天时地球离太阳更近，冬天时更远。但是，事实并非如此。

问题

为什么一年有四季？

实验材料

记号笔，中号或大号的泡沫塑料球，没有灯罩的台灯，铅笔或毛衣针

实验步骤

1. 在球的顶部和底部分别标记字母N（顶部）和字母S（底部），代表北极和南极。

2. 在球的中间画一个圈，表示赤道。

3. 把台灯放到房间的正中间。

4. 用铅笔穿过球上标记N和S的位置，使球的顶部向台灯倾斜。

5. 打开台灯，观察球的哪部分被照亮了。被照亮的部分代表北半球的夏天从这里开始(地点Ⅰ)。

6. 观察球朝房间的哪面墙倾斜。在整个实验过程中，保持球朝同一面墙倾斜。把球逆时针移动到距离起始位置90°的地方（地点Ⅱ），再次观察球的哪部分被照亮了。被照亮的部分代表北半球的秋天从这里开始。

7. 再把球绕台灯逆时针移动90°，继续观察哪些部分是亮的（地点Ⅲ）。被照亮的部分代表北半球的冬天从这里开始。

8. 最后，再把球绕台灯逆时针移动90°，观察哪些部分是亮的（地点Ⅳ）。被照亮的部分代表北半球春天的开始。

发生了什么

白天与黑夜的时间长短与季节更替，并非由于地球与太阳距离的远近，而是由于地球的斜度。当北极向太阳倾斜时，北半球处于夏季，此时白天更长，气候更热。转动泡沫塑料球，观察北半球的照射时间，就能直观地理解这一原理。这时，南半球几乎没有阳光照射，白天更短，气候更冷，处于冬季。6个月之后（地点Ⅲ），北半球迎来冬季，而南半球正处于夏季。南半球接受更多的阳光照射，而北半球几乎没有阳光照射。在春季和秋季，南北半球的白昼时间一样长。地点Ⅱ和地点Ⅳ体现了这一现象。

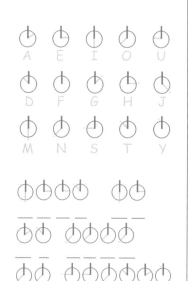

狡猾的科学家

两位科学家正秘密进行一项新的太阳能实验。请你用"日晷解码器"找出其中一位科学家给另一位科学家的信息。填在横线上。

孩子的实验室

仰望夜空，你会看到成千上万颗星星。一些星星看起来与其他星星构成了某种特殊的形状。很多人认为，星星的形状代表了某种意义，所以古代有许多关于星星的故事。这些星星的组合就叫星座。你知道哪些常见的星座？[5]

问题 为什么我们只能看到月亮的一部分？

实验综述 在这个实验中，你会制作太阳、月亮和地球模型，通过绘图和手工展示月相的变化。

科学原理 月亮只有一半面向地球。在地球上无法看到"月亮的暗面"。我们之所以能看到月亮，是因为月亮把来自太阳的光反射到了地球上。月球绕地球转动一周大约需要 29 天的时间，在地球上能看到月亮被太阳照亮的位置一直在变化，形状也发生着改变，这叫作月相。

一般情况下，月相分为新月（肉眼看不见）、上弦月（能看到右边的一半）、满月（能看到整个圆月）和下弦月（能看到左边的一半）。月相是新月时，月亮刚好处于太阳和地球的连线上，有可能会出现日食。满月时，地球刚好处于月亮和太阳之间，给月亮蒙上了一层阴影。

科学名词

星座：若干颗星星的组合，构成某种形状或图案。

月相：在月球绕地球转动的过程中，地球上能看到月球被太阳照亮的部分。

实验材料

日期最近的报纸，圆形纸盘，记号笔，没有灯罩的台灯（灯泡度数越高越好），直径约6厘米的小球，一张白纸

备注：这个实验需要一个月才能完成，但是每天只需花几分钟时间。

实验步骤

1. 从新月这天开始实验。

2. 把纸盘等分成28份，代表28天。你可以先分出四等分，再把每个部分等分成7份。从0/28这一点开始，按逆时针方向编号。

3. 在房间靠墙的一面放一盏台灯。

4. 关上房间所有的灯，打开台灯。

5. 把圆盘放在房间中央，然后站在上面，让0/28这一点指向台灯。

6. 面对你要做记录的那一天的方向（从第0天开始，每天记录一次，一直到第28天），把小球举到一臂远的地方。

7. 仔细观察小球被照亮的部分。第0天时，小球面向你的部分是暗的，这时对应的月相是新月。

8. 在白纸上画一个表格，记录每天小球被照亮的情况，反映一个月内的月相变化。

9. 每天重复以上步骤，坚持28天。到第28天时，你应该已经有了29天的月相记录（第0~28天）。

10. 定期把记录结果和真正的月相作对比。

对小科学家提问题

· 你的记录和真正的月相一致吗？ _____

_____

_____

· 月球绕地球旋转一周的周期比 28 天稍长，这对实验

数据的准确性有什么影响？ _____

_____

_____

_____

· 日食和月食都很少见，这反映了哪些关于月球运行的规律？想想看，在你的

实验中，日食和月食看起来应该是什么样的？ _____

_____

_____

_____

再接再厉

了解人类登月的历史。那些曾经登上月球的人给月亮留下了什么？电影《阿

波罗 13 号》讲述了一次失败的登月旅行，三名宇航员差点丧命，看看这部电

影吧。

科学博览会：地球科学

河流

想想你看过的河流，它是沿直线流动的，还是蜿蜒曲折的？你或许会疑惑：为什么河流不沿直线流动呢？河流发源于山川，而后奔流入海。这看似很简单：河流在发源时就已经确定了流动路径，不会改道。但是，在

过去的几千年中，有关河流的各种问题引起了人们浓厚的研究兴趣。河流好像有自己的思维一样，经常让人出乎意料。

问题

为什么河流不沿直线流动？

实验综述

在这个实验中，你首先需要建造一座"山"。所以，你要准备一些建造"小山"所需的材料，还需要一个开阔的区域，方便流出大量的水。此外，还需准备很多水。有两种"降雨"方法：持续的和间歇的。这两种"降雨"方法会形成不同的河流形状，也可以两种方法都试试。

科学原理

当水从山上流下来时，总是选择到达山脚最快的路径，即使这条路

不是直的。树木、石块和小山都可能改变水流的方向和速度。水流很慢时，河流会掘开水道两边的河床，甚至会切掉一部分河床，加宽河水流域。河道发生改变时，水流也随之改变，进而引起河道更多的变化。因此，一段时间后，一条主河道会分出许多不同的支流。不仅如此，河流流动时，水流把石块和泥土携带到下游，使河水不断变浅。因此，河口地区，尤其是河流汇入大海的地方，一般都非常宽阔平坦，河水在此处缓慢地流入大海。

实验材料

一个由石头、泥土、沙子、泥巴等组成的小山，至少高 1 米

一个开阔的地方，可以使"河流"在流下小山时积累沉积物

大量的水，水管、洒水器或喷壶，相机

实验步骤

1. 确保小山从上到下每一处的地理面貌都不一样。多设置一些障碍物，这样水流下来时会形成各种不同的"河道"。

2. 预测"河流"会在哪里形成。

3. 选择一种方式"降雨"：

持续"降雨"——在山顶或靠近山顶处放一个洒水器，在整个实验中持续喷洒。可以请其他人帮忙，在山顶上手持软管或从山顶往下洒水。

不断实验，找出最好的方式。

间歇"降雨"——使用喷壶或水管，每隔1小时左右洒一次水。小山只吸收一部分水，形成许多分岔的"河流"。

4. 给小山浇水。

5. 如果选择持续"降雨"的方式，开始洒水前拍一张照片，然后每隔5~10分钟拍一张，直到所有"河道"不再发生改变。实验时需要长时间观察小山的变化。所以，照片拍得越多越好。

如果选择间歇"降雨"的方式，开始洒水前拍一张照片，然后每次洒水时再拍一张。洒水的间隔时间可以自由选择。不断给小山洒水，直到所有"河道"不再发生变化。这种方式耗费时间更长，但结果更精确。

6. 每种方式都做好记录。

7. 选择能准确反映"河流"变化的照片冲洗。

对小科学家提问题

· "河流"是在你预测的地方出现的吗？

· 有多少"泥沙"顺着"河水"流到山下？

· 有"小河"汇入"大河"吗？

· 哪条"河道"变化更大？为什么？

总结

每次做这个实验，得到的结果都不同，这就是科学的有趣之处。现在，你已经制造出了自己的"河流"，何不去看看你家附近真正的河流呢？观察河流改道的位置及水流速度发生变化的位置，以及可能影响水流速度的障碍物。你还可以尝试寻找河流的源头，它可能在数千米之外的大山上。

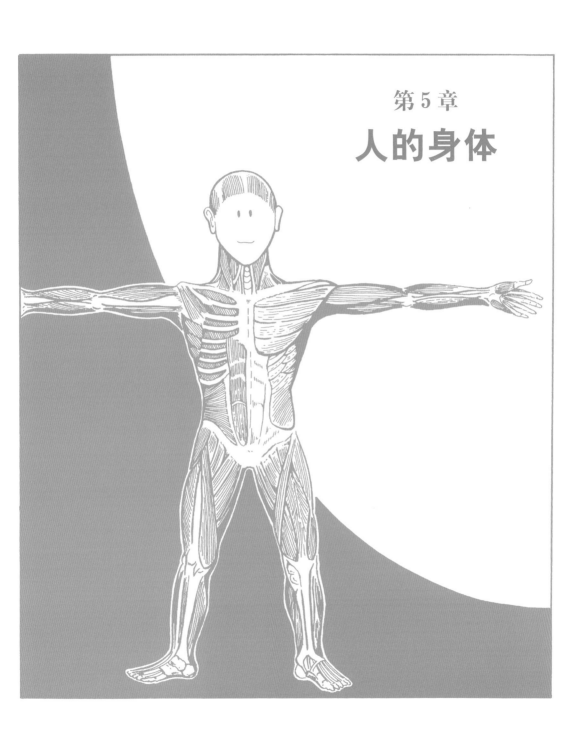

第 5 章

人的身体

——那个精明的科学家发明的全是窟窿但能盛水的东西是什么？

——海绵啊！

五种感官

人的身体是一件惊人的艺术品。在本章，你会探索人体的诸多能力，人因为这些能力成为浩瀚宇宙中独一无二的个体。人有五种感官：触觉、味觉、听觉、视觉和嗅觉，通过这五种感官理解世界，感知外部事物。

【试试看】热与冷

问题

为什么我们会觉得热或冷？

实验材料

三碗水：一碗热水，一碗冷水，一碗温水

实验步骤

1. 把三碗水从左往右按照热水、温水、冷水的顺序摆好。

2. 左手放到盛热水的碗里，右手放到盛冷水的碗里，等待30秒。

3. 把两只手从碗里拿出来，然后同时放到中间的碗里（盛温水的碗）。

发生了什么

热和冷是一种相对的感受。你的左手之前习惯了热水的温度，进入盛温水的碗里时，会感到非常凉。而右手习惯了冷水的温度，右手进入盛温水的碗里时，就会感到很温暖。把两只手放在同一碗水里，因为它们之前感受到的温度不同，因此一只感觉冷而另一只感觉热。

再接再厉

泡澡或淋浴时，你从浴缸出来或关上淋浴喷头后有什么感觉？问一问没有洗澡的人对浴室空气的感受，为什么你和别人的感觉不一样？还可以在游泳池做这个实验。说说你没下水时和在泳池中的冷热感受如何。热量总是从温度高的地方向温度低的地方传递，因此我们会感受到热或冷。

——有个科学家发明了一种能穿透任何物体的气体燃料。

——天呐，太厉害了！

——不，是糟透了，现在他正绞尽脑汁发明一种能装这玩意儿的东西呢！

【试试看】尝不出味道的药

——制造一个臭气弹需要多少位科学家？

——"嗅"位！（"A phew"，音同"A few"，意为"只需要很少几位"。）

问题

为什么我把鼻子塞住后就尝不出药的味道了？

实验材料

眼罩，鼻塞或用手捏住鼻子，大小一样的苹果块、土豆块、洋葱块和凉薯块，一名助手

实验步骤

1. 用眼罩把眼睛蒙起来，同时塞住你的鼻子。

2. 请助手把每种食物分别放到你的嘴里，然后凭味觉猜猜是什么。

酷格言

嗅觉是一位神奇而强大的魔法师，把我们送到千万米之外，穿越时间的长河感知事物。

——海伦·凯勒

发生了什么

人类通过嗅觉品尝食物。当鼻子被塞住时，你就失去了正常的品尝能力。抛开不同食物的质感，你也许很难尝出不同食物有何差别。而拿出鼻塞之后，你能闻到所有食物的味道，并且味道最强烈的那一种很可能盖过了其他食物的味道。

再接再厉

你得过重感冒吗？如果有，你一定记得那种吃东西时味同嚼蜡的感觉。感冒会导致鼻塞，使你尝不出食物的味道。而一旦感冒好了，你就又能尝出酸甜苦辣了。

究竟是什么？

你能看懂以下图画提供的线索吗？如果你能想到与图画匹配的词语，就填在纵向的表格里吧。表格补充完整后，带阴影的横行表示一个词组，代表五种重要的人体功能。表中已给出字母 E 作为提示。

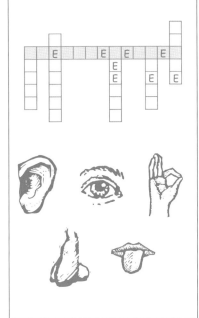

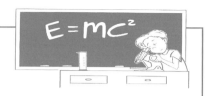

孩子的实验室

问题　为什么我能尝出各种不同的味道?

实验综述　在这个实验中，你要把不同的食物放到舌头不同的部位上，用味蕾判断食物的甜味、酸味、苦味和咸味。

科学原理　我们的舌头上有几千个微小的味蕾。每一个味蕾都能品尝出一种特定的味道。能品尝出相同味道的味蕾会聚集在舌头的某个特定部分上。因此，你总会在某个特定部分尝到咸味，而在舌头的其他部分尝到甜味、酸味或苦味。

实验材料

棉签，分别盛有以下物质的小碗：柠檬汁、水、白糖、食盐、速溶咖啡、一张舌头的示意图（见第107页）、记号笔

实验步骤

1.用棉签在柠檬汁里蘸一下，然后在舌头上均匀地抹开。

味蕾：分布于舌头上的微小器官，可以感受味道。

趣味知识

一个正常人的舌尖每平方厘米约有116个味蕾，舌根处每平方厘米约有25个味蕾。

2. 在示意图上标注出舌头能尝出酸味的部分。

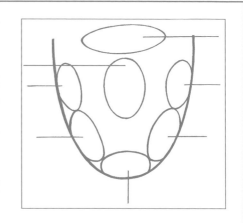

3. 拿一根棉签先在水里蘸一下，然后在白糖里蘸一下。在舌头上抹开，涂抹面积尽量大一些，这样才能感觉出是舌头的哪一部位尝出了甜味。

4. 依次用棉签蘸取食盐和速溶咖啡，重复以上步骤。

5. 分别在示意图上标出在舌头的什么部位尝到了什么味道。

6. 查看示意图，确保舌头上每个地方都试过了。如果有遗漏，就重复实验，找出这个部位尝到的是哪种味道。

对小科学家提问题

· 舌头的什么部位能尝到酸味？ _____

· 舌头的什么部位能尝到甜味？ _____

· 舌头的什么部位能尝到咸味？ _____

· 舌头的什么部位能尝到苦味？ _____

· 你能在示意图中标注出吃了太多糖之后觉得痛的部位吗？这是为什么？ _____

_____

再接再厉

尝一下这四种味道的其他食物，留意你尝到某种味道的地方是不是在示意图上标记的相应部位。然后，把鼻子塞住，再分别品尝这四种味道。堵住鼻子是否影响了你识别味道的能力？[1]

【试试看】青色，黑色和黄色

你有没有这样的经历，在看过一张色彩明亮的图片后，移开视线看向别处时，居然会看到更多的颜色，而且这些颜色和图片上的颜色完全不同？这其实是余像，前面我们学过一些关于余像的知识，还有更多等待我们发现。人的眼睛不仅可以同时"看见"两种图像——就像"鸟笼"实验提示的那样，还可以屏蔽一些颜色。

问题

你能在余像中看到哪些颜色？

实验材料

几张白纸，蓝色、红色、绿色、黑色、黄色和青色的记号笔各一支，美国国旗的彩色图片

实验步骤

1. 拿三张纸，在每张纸上画一个大圆圈。第一张纸上的圆圈涂满红色，第二张纸涂蓝色，第三张纸涂绿色。

2. 按照红、蓝、绿的顺序，分别注视每个圆圈30秒钟。

3. 每看完一个圆圈，把视线转移到一张白纸上，或者闭上眼睛，描述你此时看到的颜色。

4. 然后，注视美国国旗图片30秒。

5. 迅速移开视线，描述你在余像中看到的国旗是什么颜色。

6. 画出在余像中看到的国旗。你会发现星条旗的条纹是黑色和青色的，星星是黑色的，背景是黄色的。

7. 画完之后，注视画好的国旗，然后再看向其他地方。你能看到国旗原本的颜色吗？

发生了什么

人的眼睛通过很多小锥体分辨颜色。当眼睛专注于某种颜色时，比如绿色，眼睛里的视锥细胞就会聚集在这种颜色上，移开视线后，聚焦于绿色的视锥细胞短时间内不能很快地放松下来。因此，眼睛除了看不见绿色，其他颜色都能看见。此时，你只能看见绿色的互补色。你能说出红色、绿色和蓝色的余像分别是什么颜色吗？[2]

当你看美国国旗时，视锥细胞专注于红色、白色和蓝色。而当你移开视线时，眼中的余像就是红色、白色和蓝色的互补色。它们分别是青色、黑色和黄色。

再接再厉

通过下面的小实验，找出你常用的那只眼睛。

· 拿一根管子放到眼前，看看你哪只眼睛闭上，哪只眼睛睁开？

我简直不敢相信自己的眼睛！

人的眼睛总是用一种方式看东西吗？当然不是！视错觉可以让你做出错误的判断。观察以下图片，回答问题。

在这个图片的中心，你看到的是数字13还是字母B？

你在白线的交点看到了什么？

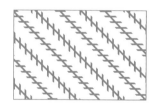

图中的黑色直线之间是平行的吗？

哪条线更长？

孩子的实验室

问题　眼睛为什么能看到东西？

实验综述　在这个实验中，你将制作一个模型，探索眼睛成像的原理，将其应用在针孔照相机中。你可以自行选择图像尺寸。

科学原理　人的眼睛结构复杂，能通过视网膜聚光，然后向大脑传递关于眼前事物的信息。眼睛的晶状体首先捕捉到周围的光线，光线透过晶状体到达眼睛后面的玻璃体。然后，视杆细胞和视锥细胞把图像转换成大脑能够理解的信息。在这个实验中，你可以制作一个眼睛模型，了解眼睛的成像原理。

科学名词

图像：物体呈现出的视觉画面。图像形成后会传输到大脑。

针孔照相机：能间接看到物体图像的装置。

晶状体：眼球的一部分，有屈光作用，可以使光线发生折射，到达视网膜。

实验材料
别针，纸杯，橡皮筋，蜡纸，点亮的灯泡

实验步骤
1. 在纸杯底部用别针戳一个小孔。

2. 用橡皮筋在纸杯的杯口箍上蜡纸，当作屏幕。

3. 把纸杯放在离灯泡60~90厘米远的地方，杯底对准灯泡。

4. 慢慢向灯泡方向移动纸杯,仔细观察蜡纸的变化。

5. 当纸杯离灯泡非常近时,蜡纸上会出现一个倒映的灯泡图像。

对小科学家提问题

· 纸杯离灯泡多远时你看到了蜡纸上的灯泡图像?

_____

_____

· 如果把纸杯底部的小孔扩大一些,会发生什么变化?

_____

· 为什么蜡纸上的图像是颠倒的? _____

_____

· 这和相机的成像原理有什么相似之处? _____

再接再厉

现在你已经成功制作出了一个眼睛模型,也可以试着造一台针孔照相机,它们的作用原理是相同的。准备一把尺子、一个空的圆柱形薯片罐、一把小刀、一枚图钉、胶带和一些铝箔。

1. 在离底部5~9厘米处把罐子切开(在家长的帮助下完成)。

2. 用图钉在短一点的罐子底部戳一个孔,然后把罐子原来的塑料盖扣上。

3. 把大罐子放在小罐子的盖子上,用胶带把它们粘起来。

4. 用铝箔把罐子外面包起来,尽量不要让光线透进去。

5. 眼睛对准大罐子敞口的一端,你会看到塑料盖子上出现一个颠倒的图像投影。

趣味知识

艾米·范·戴肯是一名游泳运动员，在1996年亚特兰大奥运会上获得了4枚金牌，但由于哮喘，她的肺活量只有正常人的65%。

——为什么那个科学家把自己的鼻子拆开了？

——因为他想知道为什么自己不停地流鼻涕！

人体机器

人类在过去一百多年的时间里制造出了很多结构复杂、功能强大的机器，如飞机、汽车和计算机等，它们彻底改变了我们的生活。其实，人类历史上最复杂、精美的"机器"，恰恰是人类自己。人能做到很多机器无法完成的事，让我们通过以下实验，看看人类能做到哪些事情吧。

【试试看】深呼吸

问题

我的肺能容纳多少空气？

实验材料

容量约4升的大玻璃杯，容量1升的玻璃杯，水，一个鱼缸，记号笔，三块扁平的石头，水槽或其他不怕湿的地方，长度为45~60厘米的橡胶管，一张纸，一个笔筒

实验步骤

1. 在容量1升的玻璃杯里装满水，然后把水倒进容量4升的大玻璃杯里，直到把大玻璃杯装满。

2. 每倒入1升水，就在大玻璃杯上标记水位，看看1升水有多少。

3. 在鱼缸中倒入 3/4 的水，在缸底用三块石头摆一个圈。

4. 把水缸放到水槽里。把大玻璃杯倒过来，扣在石头上。

5. 在玻璃杯上标注此时的水位。

6. 把橡胶管的一头放进水缸，伸到玻璃杯里，另一头悬挂在水缸外。

7. 深吸一口气，用嘴对准橡胶管呼气。

8. 在玻璃杯上标出现在的水位。

9. 两个水位值相减，计算你的肺活量是多少。

发生了什么

当你把肺部的空气全部吹进玻璃杯时，空气占用了水的空间，水缸里的水位就会上升。可以通过计算进入玻璃杯的空气体积得出肺活量的大小。再做一次这个实验，看看结果是否相同。

酷格言

现在，连小学生都熟知阿基米德穷尽一生才明白的那些真理了。

——欧内斯特·勒内
法国哲学家和神学家

趣味知识

正常人在此类实验中的反应时间大约为0.2秒。

【试试看】刺激—反应

人在开车时要做许多有关安全的决定。你可以想一想再决定是否打开车窗，但在即将和另一辆车相撞时必须立刻决定避开。

问题

我的反应时间有多长？

实验材料

一张任意面值的纸币，一名助手，尺子

实验步骤

1. 把纸币竖着拿，用一只手捏住，另一只手放在纸币下方，准备接住纸币。

2. 松手放开纸币，然后用另一只手接住它。你很容易完成这个动作。

3. 现在，由助手拿纸币，你来接。前提是你不知道什么时候纸币会掉下来。

酷格言

每门科学都始于哲学，终于艺术。

——威尔·杜兰特
美国哲学家和历史学家

发生了什么

当你放开纸币时，大脑会发送信号到另一只手上，告诉它准备接住纸币。如果由助手丢纸币，纸币掉下来时你的大脑还没有反应过来，所以需要一定的反应时间。手捏住纸币的位置越靠下，说明你的反应速度越快。如果没能接住纸币也没关系。用尺子代替纸币再做一次实验。[3]

再接再厉

这个简单的小测试可以判断反应时间的长短，你能自己设计一个测试吗？

_____

_____

_____

_____

_____

找不同

做实验十分考验观察力——你必须观察得十分仔细，不能漏掉任何一个重要的细节。请在下面两幅图中找出10处不同，锻炼一下你的观察力吧！

孩子的实验室

问题 什么是脉搏？

实验综述 在这个实验中，你将在几项活动后测量自己的脉搏（心率），还会学习如何测量心率及测量心率的最佳位置。

脉搏（心率）： 每分钟心脏跳动的次数。

科学原理 心脏跳动时向身体提供富含氧的血液，使身体各项机能正常运转。当你休息时，身体不像运动时需要那么多血液，心率就会下降。身体健康的人在心率较低的情况下也可以从事剧烈运动。在身体的其他部位也可以感受到脉搏，比如下颌正下方的颈动脉、手腕内侧或大拇指。

实验材料
秒表

实验步骤
1. 在实验开始前，先静坐几分钟。
2. 做好准备后，把食指和中指放在脖子上或手腕上，找到你的脉搏。
3. 找到脉搏后，用秒表计时60秒，计算脉搏的跳动次数。这是你的静息心率。
4. 重复实验步骤，计算30秒内你的脉搏跳动次数。把得到的数值乘以2，比较两次脉搏的数值。

5. 再次重复实验，计算 15 秒和 10 秒内的脉搏次数，分别把得到的数值乘以 4 和 6。

6. 计算出自己的静息心率后，找一个空旷的地方，持续运动至少 1 分钟。你可以快跑，快速爬楼梯、跳绳或做俯卧撑。当你做完这些运动后，呼吸会非常剧烈。注意：运动时请注意安全，如有不适，请立即停止。

7. 你可以自己选择测试时间的长短，然后按之前的方法测出自己的脉搏。

8. 比较你的静息心率和运动后的有什么不同。

趣味知识

运动可以使人的心率保持在最大心率的 60%~90% 水平。

对小科学家提问题

· 你的静息心率是多少？ _____

· 你采用的是哪次测试的数据？ _____

· 运动后你的脉搏是多少？ _____

· 测量 1 分钟内脉搏的好处是什么？ _____

· 运动后在短时间内（比如 10 秒钟）测量脉搏的好处是什么？ _____

· 美国心脏协会（American Heart Association）规定，正常人的最大心率=220－年龄。你测出的最高心率比这个数值低吗？ _____

再接再厉

定期运动有助于降低静息心率和运动后的心率。我们可以做一个关于心率的实验：每天运动 15~20 分钟，坚持一个月。每周在运动前后测量一次心率，看看是否有所下降。如果你打算彻底改变运动计划，一定要征求家长和医生的意见，以确保安全。

趣味知识

治疗晕动症（如晕车、晕船、晕机）最天然有效的方法是吃姜。一些人选择姜饼曲奇，还有一些人喝姜汁饮料。

——哪种科学家是研究购物的？

——"买学家"！（"buy-ologist"，音同"biologist"，意为"生物学家"。）

【试试看】盲平衡

小孩子特别喜欢玩飞快转圈的游戏，直到把自己转晕。人体的平衡感来自耳朵，耳朵内部有液体，身体旋转时这些液体会跟着移动。当旋转停止时，眩晕的感觉一般也消失了。平衡是一种很难用语言描述的状态。同样难以解释的是，一些人会晕车或晕船，另一些人却在坐过山车或从事竞技体操、花样滑冰这类运动时一点也不晕。

问题

当你闭上双眼时，是否感觉很难保持身体平衡？

实验材料

无

实验步骤

1. 用双脚站在房间中央。

2. 保持平衡 30 秒。

3. 闭上双眼，再保持平衡 30 秒。比较两次任务的难度。

4. 睁开眼睛单脚站立，保持平衡 15 秒，不能扶任何东西。

5. 闭上双眼，单脚站立，保持平衡 15 秒。

发生了什么

人主要利用视觉感知周围环境，保持平衡。当你闭上双眼时，就失去了对房间的感知，很难保持平衡。晕船的人坐在船上，他们眼中的陆地和水面在不停移动，没有固定的点可以作为视线的焦点，所以会失去平衡，进而产生眩晕的感觉。

再接再厉

站在离墙壁非常近的地方，试试双脚站立和单脚站立，可以轻触墙壁。这样有助于你保持平衡吗？[4]

_____

_____

_____

_____

我觉得你很面熟！

孩子和父母都长得很像吗？不一定，不过人们一般能看出谁和谁是一家人。观察下面的面孔，请把是一家人的大人和孩子用线连起来。

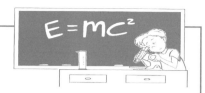

孩子的实验室

重心：人体的平衡点。

问题 我的重心在哪儿？

实验综述 在这个实验中，你会和其他人一起做几组身体活动，找出男性和女性重心的差别，以及儿童和成人重心的差别。

科学原理 每个物体都有一个重心。重心是物体上的一个点，支撑物体保持平衡。成年男性和女性的身体重心不同。儿童的身体尚未发育成熟，不同性别之间的差异不大。

实验材料
几名不同性别的成人和儿童，墙，咖啡杯，凳子

实验步骤 请每名实验者完成以下任务。

测试 1
1. 身体一侧紧贴墙壁，一只脚也紧靠墙根。
2. 抬起另一只脚，保持站立姿势。

测试 2
1. 站在房间中央，在身体前方20~25厘米处放一个咖啡杯。

2. 弯腰捡起咖啡杯。

3. 现在走到墙边，脚跟紧贴墙壁站立。

4. 再把咖啡杯放到身体前方 20~25 厘米处，试着弯腰把它捡起来。

5. 为什么第二个任务很难完成？可以重复一遍第一个任务比较一下。

测试 3

1. 跪在房间中央，把咖啡杯放到膝盖前方一臂远的地面上。

2. 双手背后，用鼻子把咖啡杯撞倒。

测试 4

1. 在距离墙壁约 0.6 米远的地方，双脚并拢，面对墙壁站好。

2. 请别人在你和墙壁之间放一张凳子。

3. 身体前倾，直到前额碰到墙壁，在这个过程中保持后背挺直。

4. 拿起凳子，抱在胸前。

5. 试着保持这个姿势，重新站直。

·前两个测试，男性和女性、成人和儿童的测试结果有什么不同？

·后两个测试，两组人的测试结果有什么不同？

·从重心的角度来看，为什么女性在完成后两项测试时比男性更轻松？

·在后两项测试中，儿童比成年男性完成得更好。为什么？

对小科学家提问题

·在测试 1 中，为什么当你把外侧的腿抬起来时，马上就会失去平衡？

·在房间中央重复测试，为什么会摔倒？

·为什么站在房间中央时你能捡起咖啡杯，但靠墙站立时不能？

再接再厉

设计一些其他有意思的身体重心测试吧。[5] 想想看，哪些工作和体育项目要求平衡感非常好？你参加过对平衡感要求很高的活动吗？如果有，思考一下在活动过程中，你的重心在哪儿。

科学博览会：人类的身体

遗传学

也许你听别人说过"你长得真像妈妈""你的眼睛和爸爸长得一样"。你可能觉得自己和兄弟姐妹没有相似之处，但是别人却说："一看你们就是一家人。"我们的长相为什么和家庭有这么大的关系呢？答案藏在基因里，它是决定生物性状的基本单位。每个人都继承了亲生父母的基因。在一个家族中，某些特征十分明显，另一些则比较隐蔽。我们不可能到遗传密码里探究哪些特点遗传自父亲，哪些遗传自母亲，但可以通过调查和概率来估测。

问题

为什么有的孩子眼睛颜色和父母不一样？

实验综述

在这个实验中，你和父母会一起完成一个有关遗传特征的调查。你需要选择两个特征，使用一个叫庞尼特氏方格的工具完成概率统计。

科学原理

头发和眼睛的颜色，有无耳垂，拇指伸直以后能否向后弯曲，以及能否卷舌头等特征，都是由基因决定的。每个人的身体特征都由两种基因决定——一种来自母亲，另一种来自父亲。如果一个人的两种遗传基因都是显性，就会显现相应特征；反之，就不会显现相应特征。但是，一个人如果各有一个显性基因和隐性基因，还是会显现显性基因的特征。下面举例说明。

两只黑兔子生了一只小兔子。兔子的黑色毛皮是一种显性基因（用大写字母表示），棕色毛皮是一种隐性基因（用小写字母表示）。假设两只兔子都是各有一个黑色毛皮基因和一个棕色毛皮基因。为什么它们的毛皮都是黑色的？小兔子可能从父母那里遗传到以下几种毛皮基因组合中的一种——两个黑色；一个棕色和一个黑色；两个棕色。在前两种情况下，小兔子会长出黑色皮毛。事实上，小兔子宝宝是黑色皮毛的概率是75%，是棕色的概率是25%。因此，两只黑兔子也可能生出一只棕色兔子来。

下面用庞尼特氏方格解释这个道理。

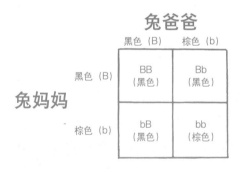

所以，如果父母的眼睛是棕色，而孩子的眼睛是绿色的，这是完全有可能的。

实验材料

调查表（附在本章末尾），你和父母，庞尼特氏方格，2个硬币

实验步骤

1. 请你和父母分别填写一份调查表，可以增加表格中没有的其他身体特征。

2. 和父母聊一聊你有他们身上的哪些特征。

3. 选择两个特征，一个是父母都有但你没有的，如果找不到，就选一个你们都有的特征；第二个是父母之间不同的特征。

4. 根据选择的特征制作一个庞尼特氏方格，代表家庭的基因组合。以眼睛的颜色为例：母亲的眼睛是绿色的，父亲的眼睛是棕色的，孩子的眼睛是绿色的。棕色眼睛的基因相对于绿色眼睛的基因是显性的。因此，孩子的情况是表格右栏两种情况中的一种。

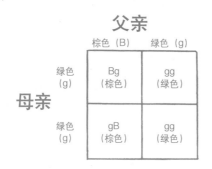

5. 数一数与你情况相符的方格有几个。在"眼睛实验"中是两个。

6. 把得到的数字除以4，即所有方格数，得出这种情况发生的理论概率。在"眼睛实验"中，孩子拥有绿色眼睛的概率是50%。

7. 假设硬币的正面和反面各代表一种基因，在纸上记下来。比较简单的办法是，用两枚硬币分别代表父母双方。

8. 每一个特征都扔20次硬币。计算与你情况相符的次数（在眼睛实验中，计算的是孩子眼睛是绿色的次数），再把这个数字除以20，得到出现这种情况的实验概率。

9. 比较实验概率和理论概率，说明研究结果。

对小科学家提问题

·哪些特征是父母都有但你没有的？

·哪些特征是父母和你三个人都有的？

·这些特征是显性基因还是隐性基因导致的？

·实验概率和根据庞尼特氏方格计算出的概率差别大吗？

·如果实验结果和庞尼特氏方格概率差别较大，这说明什么？

·庞尼特氏方格是否说明：如果一对父母生了 4 个小孩，那么这 4 个小孩会各自对应方格中的一种情况？为什么？

总结

遗传学是当今生物学研究领域中最神秘的话题。从克隆技术到疾病预防，科学家们一直致力于破译人类的基因密码，为人类的社会发展做贡献。到目前为止，尚无科学方法能够预测未来子女的体貌特征，但是，不论我们是谁，我们的存在不是偶然，并且有规律可循，这让人感到欣慰。

调查表

1. 你能卷舌头吗？试着把舌头伸出来卷成"U"形。填写"是"或"否"。

自己 _____

妈妈 _____

爸爸 _____

2. 两只手交叉，看看哪根拇指在上面。你是"右拇指型"还是"左拇指型"？填写"右"或"左"。

自己 _____

妈妈 _____

爸爸 _____

3. 你有酒窝吗？填写"有"或"无"。

自己 _____

妈妈 _____

爸爸 _____

4. 你是大耳垂还是小耳垂？填写"大"或"小"。

自己 _____

妈妈 _____

爸爸 _____

5. 当你伸直大拇指时，它会向后弯曲吗？填写"是"或"否"。

自己 _____

妈妈 _____

爸爸 _____

最终的思考

读完这本书后，你可能意犹未尽。也许，本书激发了你更多的兴趣。不论是哪一种情况，都要祝贺你——你现在已经是一名科学家了！

科学家从来不满足于已知的问题，他们对这个世界的探索永无止境。无法在书中获得答案时，他们会通过各种科学方法提出假设，然后验证假设，得到结果。科学家不是唯一使用这一方法的人。律师、医生、银行家、教师、股票经纪人和房地产商等各行各业的人都在日常生活中使用科学方法。

欢迎来到科学世界，提出问题，找出问题的答案！在保证安全的前提下，请你尽情徜徉在欢乐的科学世界中吧。在探索的过程中，世界的美丽和奥妙会一一向你展开。

注　释

第 1 章

1. 彩色的水（第 7 页）——应该在植物的根部浇水，而不能只浇叶子。实验证明，叶子只吸收一部分水，根部吸收的水分更多。

2. 凋落的叶子（第 9 页）——当白昼时间变短时，光照也越来越少，树叶无法产生足够的叶绿素，从而变黄，最后凋落。

3. "防蓝光眼镜"（第 18 页）——这种太阳镜能够阻挡大部分照射在镜片上的蓝色光线。因此，当戴上这副眼镜时，你看不到蓝色，只能看到蓝色的互补色——黄色。你还能看到其他颜色吗？事实上，黄色光是由另外两种颜色——红色和绿色组成的。因此，除了黄色的光，你应该也能看到绿色和红色的光。

4. "在蛋壳上行走"（第 23 页）——钉板魔术和雪靴都利用了与蛋壳实验相同的原理。一颗钉子会刺伤皮肤，但成百上千颗钉子能把人的重量分散在整个钉板上，魔术师就不会受伤。注意：魔术师是专业人士，而且是在非常安全的条件下表演魔术的，切勿模仿！

如果你穿着普通的鞋子在很深的雪里行走，脚肯定会陷进去。雪靴的鞋头像球拍，可以把体重分散在整个鞋底上。

因此，你不会陷入雪里。你还能想出更多例子吗？

第2章

1. 水煮冰（第29页）——放在沸水中的冰块温度是0℃，冰在融化时降低了沸水的温度。而水只有在完全达到100℃时才会沸腾，因此，当融化的冰水温度升到100℃时，水就会重新沸腾起来。

2. 清洗硬币（第45页）——这几种硬币都不能被镀铜。只有弱酸溶液和铜才会发生反应，如醋（盐）溶液和铜。换成其他硬币得不到同样的结果。

第3章

1. 跷跷板（第53页）——可以把2枚硬币放在离支点15厘米的地方，也可以把1枚硬币放在离支点30厘米的地方。但是，在这把尺子上，离支点最远的位置是15厘米处。因此，另一种方法是把8枚硬币放在离支点3.75厘米的地方。

2. 跷跷板（第53页）——体重较大的人应坐在离支点较近的位置，这样才能使跷跷板保持平衡。你和父母的体重差别很大，所以，不论是爸爸还是妈妈都应该坐到跷跷板中间的位置。

3. "垫着点儿"（第55页）——比如，拳击运动员戴的拳击手套，自行车上的坐垫，汽车的安全气囊，棒球手带衬垫的大棒球手套。

4. 转弯（第59页）——氦气比空气轻，因此氦气球不会落到地面，反而升向天空。当汽车转弯时，汽车里的每样物体都因惯性作用想保持直线运动，而气球却会跟着转弯。汽车加速和减速时气球的表现更有趣。

5. 电磁铁（第65页）——电池通电时会产生电磁，变成电磁铁。切断电源时，指北针的指针会回到原位。导线放到指北针下方时干扰了电磁铁，指北针的指针会指示相反方向。

6. 电磁铁（第67页）——电磁铁移动铁制品应用最广泛的地方是废品场。在那里，人们用装有电磁铁的吊车吸起巨大的废旧车辆，移动到存放位置，再把电磁开关轻轻一关，车辆就自己掉下去了。

第 4 章

1. 风的速度（第 81 页）——首先，测量风速计的半径（从任何一个杯子到风速计中心的距离），以厘米为单位，把得到的数字乘以 6.28，算出周长，即一个杯子转完整一圈经过的距离。现在，数一数 1 分钟内那个有标记的杯子一共转了几圈。把这个数字乘以周长，算出每分钟的风速。

假设风杯的半径大约为 20 厘米，周长则为 $20 \times 6.28 = 125.6$ 厘米。1 分钟内风杯转动圈数是 40，则风杯运行距离为 $40 \times 125.6 = 5024$ 厘米，即风速每分钟约 50 米。

2. 太阳照耀大地（第 85 页）——一般情况下，只有沙滩最上面的那层沙子会被烤热。下面的沙子得不到光照，所以不会变热。游泳池或小型湖泊表层的水总是比深层的水温度高，也是同样的原因。

3. 冰柱（第 87 页）——泻盐一般用来治疗擦伤和扭伤，也被用于制作高果糖含量的玉米糖浆和非酒精饮料。它最常见的用途是加在浴缸中泡澡，可以缓解疲劳。此外，泻盐还可用于驱赶浣熊，在垃圾桶周围撒一些泻盐，就可以赶走它们了。泻盐还是很好的植物养料。

4. 空气的空间（第 89 页）——夏天时，把气球放在室外，它们会变得非常有弹性，但冬天时，放在室外的气球就变得有点"蔫"。请你把罐装果汁放在冰箱里，不要打开盖子，然后把它取出来，在厨房的窗台上放几分钟。几分钟后打开盖子，你会听到空气跑出来的声音。再做一个有意思的小实验吧，把一只小气球放到冰箱里，观察它遇冷后有什么变化。

5. 星座（第 94 页）——如果你眺望北方的夜空，会发现一个带柄的杯子形状的星群，这就是北斗七星，它是大熊座的一部分。星图上的大熊座形状好像一只熊。连接北斗七星最右边的两颗星的直线上方有另外一颗星。这颗星不是夜空中最亮的，但非常重要。它就是北极星，代表天空的正北方向。

北极星属于一个叫小北斗七星的星座，也叫小熊座。有人这样描述小北斗七星和北斗七星——好像小杯子里的东西倒进了大杯子里。

其他有意思的星座还有猎户座（3颗星星排成一行，就像猎人的"腰带"），通常在冬季出现；仙后座（北部星空中由5颗星星组成的"W"形星座）；双子座（冬天可见）；飞马座（秋天可见）；狮子座（春天可见）……看看你能找到几个星座吧！

第5章

1. 味蕾（第107页）——一个人的嗅觉对味觉非常重要。当鼻子被塞住时，味蕾无法把有关食物味道的正确信息传递给大脑。

2. 青色、黑色和黄色（第109页）——红色的互补色是青色，绿色的互补色是品红色，蓝色的互补色是黄色，白色的互补色是黑色。所以，由黄色、黑色和青色构成的国旗图案的余像是蓝色、白色和红色。

3. 反应时间（第115页）——

尺子掉下来的距离	你的反应时间
10厘米	0.14秒
20厘米	0.20秒
30厘米	0.25秒

4. 平衡感（第119页）——靠墙站立是为了借助一个固定的物体保持平衡，尤其当你单脚站立时，轻触墙壁有助于站稳。

5. 重心（第122页）——找一根尺子，用两根手指从下方撑住尺子。慢慢让两根手指相对移动，同时保持尺子平衡。最终，两根手指会在尺子的重心位置（一般在中间）会合。然后，在尺子的一端挂一样东西，改变尺子的重心，再做一次这个小实验，找到重心。

谜题答案

第 4 页·格言较量

T O		T	T		O					
T H		N G	O	I	I		N O			
Q H E S	S	M	P	P	R	N A		N T	
T U E I	I	I	O	N	S	T G			T
T H E		I	M	P	O	R T	A	N T	
T H I	N G		I S			N O T			
T O		S T	O P						
Q U E S	T	I	O	N	I	N G			

第 16 页·科学变形

1. BANANA
2. BANNAA   把第二个 N 移到第一个 N 旁边
3. BALLAA   把 N 变成 L
4. BALLOO   把 A 变成 O
5. BALLOON   加上 N

第 12 页·叶管迷宫

第 21 页·间谍眼

鹅，蛇，兔子，长颈鹿，飞蛾，猫头鹰，老鼠，蜗牛，蜘蛛，蜂鸟

第 35 页 · 恰好如蛋！

聪明的人
EGG HEAD

存款：
NEST EGG

复活节彩蛋：
EASTER EGG

警告：
DON'T PUT ALL
YOUR EGGS IN
ONE BASKET.

可供选择的单词：
EASTER   BASKET
YOUR   NEST
PUT   ONE
HEAD

第 40 页 · 奇异的泡泡

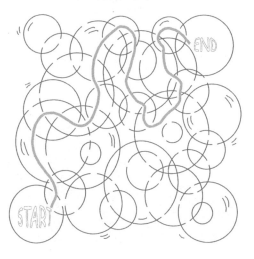

第 45 页 · 泡酸澡

EMILY
JOHN
KAITLIN
NICK

第 59 页 · 疯狂转弯

第 69 页·分类记忆

动作类

物质类

第 71 页·黑与白

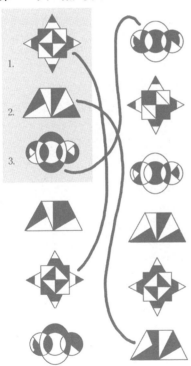

第 79 页·风的速度

以下答案供参考:

含有 3 个字母的单词: ant, are, arm, art, ate, ear, era, man, mat, men, met, mom, net, not, oar, oat, one, ore, ram, ran, rat, tan, tar, tea, ten, toe, ton

含有 4 个字母的单词: amen, ammo, atom, earn, mane, mare, mate, mean, meat, meet, moan, more, name, near, neat, note, rant, rate, rent, roam, rote, tame, team, tear, teen, term, tone, torn, tram, tree

含有 5 个字母的单词: enter, manor, meant, meter, tenor

含有 6 个字母的单词: remote, rename, moment, meteor

含有 7 个字母的单词: memento

第 83 页·云朵里的脑袋

135

第 85 页 · 向上？向下？

A <u>STALACTITE</u>

hangs <u>TIGHT</u> to the ceiling.

A <u>STALAGMITE</u>

grows <u>MIGHTY</u> tall from

the floor.

第 93 页 · 狡猾的科学家

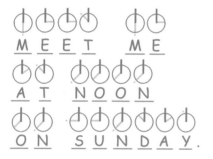

第 105 页 · 究竟是什么？

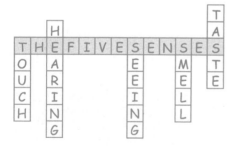

第 109 页 · 我简直不敢相信自己的眼睛！

"13" 还是 "B"？

你看到的是数字 13 还是字母 B 取决于看图方式——从左往右看是字母 B，从上往下看是数字 13。用不同的方式看到的结果不同。

你在白线的交点看到了什么？

你可以在白色粗线交叉的地方看见闪烁的灰点。有意思的是，当你盯住其中一个灰点时，它却消失不见了！

图中的黑色直线是平行的吗？

长黑线之间平行，用尺子量一下就知道。方向不同的短线欺骗了你的眼睛，让你误认为长黑线不是平行的。

哪条线更长？

两条线一样长。可以用尺子量一量。横线两端的短斜线欺骗了你的眼睛，让你误认为上面的横线比下面那条长。

第 115 页 · 找不同

两幅图的不同之处有：

1. 女孩帽子上的花
2. 女孩袜子上的线条
3. 花盆里植物的叶子
4. 花盆的图案
5. 水壶的标签
6. 日历上的对号
7. 日历上的日期排序
8. 男孩手中的纸上 "LIGHT" 的拼写顺序
9. 男孩铅笔上的橡皮
10. 男孩耳朵上的头发

第 119 页 · 我觉得你很面熟！

THE EVERYTHING KIDS' SCIENCE EXPERIMENTS BOOK
by Tom Robinson
Copyright © 2001, F+W Media, Inc.
Published by arrangement with Adams Publishing,
a Division of Adams Media Corporation
through Bardon-Chinese Media Agency
Simplified Chinese translation copyright © 2016
by ThinKingdom Media Group Ltd.
ALL RIGHTS RESERVED.
著作版权合同登记号：01-2016-5395

图书在版编目(CIP)数据

一天一个科学实验/(美)汤姆·罗宾逊著；(美)
库尔特·多尔伯绘；艾可译.-北京：新星出版社，
2016.10（2025.2重印）
（科学玩起来）
ISBN 978-7-5133-2236-2

Ⅰ.①一… Ⅱ.①汤…②库…③艾… Ⅲ.①科学实
验-少儿读物 Ⅳ.①N33-49

中国版本图书馆CIP数据核字(2016)第204484号

一天一个科学实验

[美]汤姆·罗宾逊 著
[美]库尔特·多尔伯 绘
艾可 译

责任编辑　汪　欣
特约编辑　侯明明
装帧设计　朱　琳
内文制作　博远文化
责任印制　李珊珊　史广宜

出　　版　新星出版社　www.newstarpress.com
出 版 人　马汝军
社　　址　北京市西城区车公庄大街丙3号楼　邮编 100044
　　　　　电话 (010)88310888　传真 (010)65270449
发　　行　新经典发行有限公司
　　　　　电话 (010)68423599　邮箱 editor@readinglife.com
印　　刷　北京盛通印刷股份有限公司
开　　本　720mm×930mm　1/16
印　　张　9
字　　数　150千字
版　　次　2016年10月第1版
印　　次　2025年2月第11次印刷
书　　号　ISBN 978-7-5133-2236-2
定　　价　29.80元

版权专有，侵权必究
如有印装质量问题，请发邮件至 zhiliang@readinglife.com